U0313433

奥氏体形成与珠光体转变

Austenite Formation and Pearlitc Transformation

刘宗昌　任慧平　王海燕　著

北 京
冶金工业出版社
2010

内 容 提 要

本书全面阐述了奥氏体、珠光体的新概念、新理论、新机制，是最新的研究成果和理论，其显著特点是创新性。内容包括：导论，逆共析转变与奥氏体，珠光体的组织结构，过冷奥氏体共析分解机理，珠光体转变动力学，珠光体的力学性能及应用，表面浮凸。

本书适合研究院所、钢铁企业、大专院校从事钢的研究、钢材品种开发及教学的科研人员、技术人员及教学人员阅读参考。

图书在版编目(CIP)数据

奥氏体形成与珠光体转变/刘宗昌等著. —北京：冶金
工业出版社,2010.5
ISBN 978-7-5024-5239-1

Ⅰ. ①奥… Ⅱ. ①刘… Ⅲ. ①奥氏体—形成 ②珠光
体转变 Ⅳ. ①TG151

中国版本图书馆 CIP 数据核字(2010)第 058142 号

出 版 人　曹胜利
地　　址　北京北河沿大街嵩祝院北巷 39 号,邮编 100009
电　　话　(010)64027926　电子信箱　postmaster@cnmip.com.cn
策划编辑　张 卫　责任编辑　王雪涛　美术编辑　张媛媛
版式设计　孙跃红　责任校对　石 静　责任印制　牛晓波
ISBN 978-7-5024-5239-1
北京兴华印刷厂印刷;冶金工业出版社发行;各地新华书店经销
2010 年 5 月第 1 版,2010 年 5 月第 1 次印刷
169 mm×239 mm;12.75 印张;243 千字;182 页
39.00 元

冶金工业出版社发行部　电话:(010)64044283　传真:(010)64027893
冶金书店　地址:北京东四西大街 46 号(100711)　电话:(010)65289081
(本书如有印装质量问题,本社发行部负责退换)

前　言

固态相变理论是金属热处理、铸造、焊接、锻压、轧钢、冶金等金属材料工程的技术理论基础,是材料科学与工程的重要理论支柱之一。本书介绍了奥氏体的形成、过冷奥氏体的共析分解等内容。奥氏体形成和珠光体转变是固态相变的两个分支学科,涉及的问题有相变热力学、动力学、晶体学、组织学、性能学及其应用等。本书在继承以往成熟理论的基础上,阐述了近年来国内外研究发展的新观察、新概念、新技术、新理论。

科学技术哲学指出:科学是以范畴、定理、定律形式反映现实世界多种现象的本质和运动规律的知识体系,是沿着"经验事实→假说→理论"的途径而发展的。概念是科学理论的细胞,可见概念极为重要。但科学概念的形成往往有个过程,初期观察、认识有片面性,则概念欠准确。随着科学研究的深入,通过科学抽象,搞清了事物的本质和内在规律性,则更新概念,促进理论进一步发展。

20世纪上半叶对奥氏体的形成、共析分解进行了大量的研究工作,但某些问题尚未真正搞清,如珠光体的定义、共析分解机理等。本书作者依据对奥氏体、珠光体组织结构的新观察和理论研究,纠正了以往的概念,阐述了新机制,完善了奥氏体形成和珠光体转变理论。

本书主要特点有:

(1) 在阐述成熟的传统理论的同时,介绍了近年来国内外研究、发展的新理论,注意理论与实际相结合,推动理论和技术创新。

(2) 运用科学技术哲学理论,鲜明地阐述了作者的学术观点,研究提出了相关的新概念、阐述了新理论。

本书阐述的奥氏体形成和共析分解属于固态相变的重要应用理论,可供从事冶金、轧钢、铸造、锻压、焊接、热处理、粉末冶金以及材料开发研究等行业的科研人员、技术人员参考,也可作为金属材料工程等专业教师的教学参考书,可供本科生、研究生等学习阅读。

本书是采用继承与创新相结合的方法,综合介绍国内外的最新研究成果,为培养创新型人才而撰写的理论著作。全书内容由刘宗昌策划,

第 1 章由任慧平撰写、第 2 章由刘宗昌撰写、第 3～7 章由王海燕(博士)、刘宗昌合作撰写,李文学教授审阅。最后由刘宗昌负责全书的总成。王玉峰、计云萍、段宝玉等参加了相关的科研工作。

　　本书内容几经修改和补充,但仍然难免有疏漏和不完善之处,敬请读者指正。在撰写时参考并引用了一些书刊、论文资料的有关内容,谨此致谢。

作　者

2010 年 1 月

Preface

Theory of solid state phase transformation is the important technical foundation for materials science and engineering, including metal heat treatment, casting, welding, forging, rolling, metallurgy, and so on. This book involves two branches of solid state phase transformation, i. e. austenite formation and super cooled austenite eutectoid decomposition, which comprise thermodynamics, kinetics, crystallography, microstructure, and performance science. In this book, new observations, new concepts and new theory in recent years was put forward based on the past theory research and development.

From the point of science and technology philosophy, science is the knowledge system developed according as the approach of experience, hypothesis to theory. It reflects a variety phenomena and nature of real world by means of theory and law. Defintion is extremely important for scientific theory; the formation of scientific concepts is often a developing process. With the in-depth of scientific research, the nature of things and the inherent regularity was explained clearly, then the concept was updated, and the theory was promoted to make further develop.

First half of the 20th century, a lot of research work were carried out on the formation and eutectoid decomposition of austenite, however, some issues, such as pearlite definition and eutectoid decomposition mechanism, haven't really clearly yet. In this book, the author corrected previous wrong concept, explained the new mechanism based on the experimental observations and theoretical studies of austenite and pearlite microstructure.

Main features of this book are as follows. Firstly, elaborating the mature traditional theory, and new development as well, integrating theory and practice to promote the theory and technological innovation. Secondly, expounded the academic point of the author's, and put forward the relatively new concept and new theory of eutectoid decomposition by using science, technology, and philosophy theory.

It is all known that austenite formation and eutectoid decomposition are important theory for solid-state phase transformation, which can be provided for scientific and technical personnel who engaged in metallurgy, rolling, casting, forging, welding, heat treatment, powder metallurgy, and other field of materials research and development industries, and also can be used as reference books for teachers, undergraduate, graduate students in the field of metal material engineering and related professional.

In this book, inheritance and innovation methods were integrated, and the latest research results were constantly improved and updated for the training of innovative talents. The content of the book is planning and assembly by Professor Liu Zongchang. In addtion, Professor Ren Huiping participated in the writing of Chapter 1, Ph. D. Wang Haiyan were responsible for the Chapter 3 to 7, the Chapter 2 were edited by Liu Zongchang, and Professor Li Wenxue reviewed this manuscript as well. Moreover, Wang Yufeng, Ji Yuping, Duan Baoyu had attended our research work.

The contents of this book was revised after several change and improvement, however, there may be still inevitable some omissions and imperfections, we really hoped readers give valuable opinion. In addition, a number of books and papers relating to the contents of this book were cited during edition, we also would like to thank those authors for providing the reference.

Inner Mongolia University of Science and Technology

January 1 ,2010   Liu Zongchang

目　录

Contents

1 导　　论

1.1　铁基合金整合系统及相变的复杂性

1.1.1　钢的复杂系统

在近代物理冶金研究中,由于多种条件的限制,往往将金属及合金视为简单性问题,或者将复杂的问题进行简单化处理,从中确定出一定的规律。事实上,任何金属及合金都是一个复杂系统,它由许多子系统组成,采用简单性问题的研究方法往往派不上用场,很难从中得到精确的结论,这迫切需要我们采用系统科学的方法来研究金属的复杂性问题。

钢作为金属及合金复杂系统的代表,它主要由以下子系统组成[1]:

(1) 溶质系统。主要有置换型溶质原子和间隙型溶质原子两大类型,各种溶质原子在钢中各相中的溶解度有显著差别。

(2) 复相系统。钢中存在多种相结构,常见的有奥氏体、铁素体、渗碳体、碳化物、马氏体、固溶体和金属间化合物等。

(3) 组织系统。以基本相组成各种组织形态,其中有单相组织,如奥氏体、铁素体、马氏体组织等;也有复相组织,如珠光体、贝氏体、回火马氏体和魏氏组织等。

(4) 结构体系。钢在一般情况下以多晶材料形式存在,所对应的晶体结构类型有面心立方结构、体心立方结构、密排六方结构和斜方结构等。在使用服役状态下钢常处于多种晶体结构的匹配状态。

作为复杂系统的金属及合金,它们一般具有如下基本特征:

(1) 多样化的组成要素。金属和合金均具有各自的组织结构特征,如珠光体就是由铁素体和渗碳体或特殊碳化物组成。

(2) 多层次的空间结构。溶质系统是复相系统的子系统,相却是组织系统的子系统,这充分表明复杂系统的钢包含多层次的结构。

(3) 非线性相互作用。金属和合金是由众多要素构成的不可积系统,在相变过程中发挥重要作用,当外部条件(参量)发生变化时,将通过微观的扰动(如结构起伏、能量起伏和成分起伏)而发生相变。各要素之间的相互作用是非线性的。

(4) 多样性的相变规律。随着金属合金中溶质子系统的增加,相变过程越来越复杂,多元相图的建立就是一个相当困难的事情;同时外部变量(如温度、压力和应力等)向极端条件变化时,许多平衡条件下的相变规律将会被完全打破,从而出现多种多样的相变产物,这也是当前相变研究的热点。

1.1.2 铁基合金整合系统

金属及合金是由多组元、多相、多组织形态、多晶体结构构成的,上述各要素不是简单的组合,而是一个整体上有序的配合、有机的结合体,称为整合系统。整合系统具有"整体大于部分之总和"的特性。

金属和合金体系中的组成相、组织形态不是简单的混合系统,而是整合系统。过去很多文献中将珠光体定义为铁素体和渗碳体的机械混合物。这不正确,因为珠光体是共析反应形成的铁素体和渗碳体的整合组织(整合即系统整体上的有机结合,有序配合,组织化匹配),其中各相以界面相结合、按一定比例配合,是一个相互关联的有机整体。因此,在研究固态相变机理时应从整体的角度、从各组元、各相的多层次相互整合入手来揭示内在的特征和规律。

在混合体系中,各组成要素具有相对的独立性,没有固定的定量关系,混合体系中的整体性质是各个要素性质的简单线性叠加,而固态相变中各要素的作用是非线性相互作用的结果。整合系统的理念亦体现在金属及合金的性能方面,这也构成了固态相变过程多样化的独特魅力。

1.1.3 钢中相变的复杂性及自组织

金属及合金中的固相转变极为复杂,就纯金属而言,共有 12 种金属可以发生同素异构转变,如表 1-1 所示。最常见的就是纯铁随着温度的变化将发生 α-Fe $\longleftrightarrow$ γ-Fe $\longleftrightarrow$ δ-Fe 的多形性转变。形成合金或金属间化合物以后,相应的晶体结构类型将更为多样化,相变过程也变得极为复杂。迄今为止,许多相变机理尚未完全澄清。如过冷奥氏体的贝氏体相变机理极为复杂,材料学家根据各自的实验结果提出了扩散-台阶机制、切变机制、界面原子非协同热激活跃迁机制等。又如块状相变研究中关于相变开始温度的争论一直没有停止过,恐怕目前很难断定是从两相自由能相等的 T_0 温度开始,还是在同成分的相变产物固溶线温度开始,最新研究结果表明,块状相变发生的温度随着碳含量的增加,由铁素体单相区逐渐进入奥氏体和铁素体两相区内,如图 1-1 所示的 Fe-C 相图中的黑点所示。对上述科学问题急需从复杂体系整合的高度去研究和思考。因此,材料相变规律的研究任重道远,迫切需要建立在科学事实基础上的系统研究。

表 1-1 纯金属的多形性转变

元素符号	晶体结构类型	元素符号	晶体结构类型	元素符号	晶体结构类型
Fe	α 体心立方 γ 面心立方 δ 体心立方	Mn	α 复杂六方 β 复杂立方 γ 面心四方 δ 面心立方	Hf	α 密排六方 β 体心立方

元素符号	晶体结构类型	元素符号	晶体结构类型	元素符号	晶体结构类型
Cr	α 体心立方 β 密排六方	Co	α 密排六方 β 面心立方	W	α 体心立方 β 复杂立方
Zr	α 密排六方 β 体心立方	Sn	α 正交 β 单斜	Ca	α 面心立方 β 密排六方
Ce	α 体心立方 β 密排六方	Hf	α 密排六方 β 体心立方	Np	α 正交 β 四方 γ 体心立方

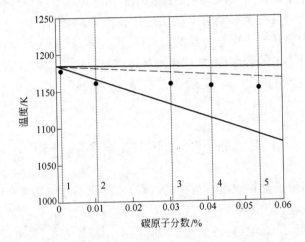

图 1-1　二元超低碳 Fe-C 合金块状相变热力学条件[2]

（图中黑实线为相界，黑点为测定的块状相变起始温度，

短划线为 γ 相和 α 相吉布斯自由能相等的 T_0 温度）

固态相变过程满足实现自组织过程的条件如下：

（1）开放系统。钢铁材料因与外界的能量和物质交换而成为一个开放的复杂系统，没有与外界的交换就不可能实现转变过程，如外部冷却条件决定了相变的进程。

（2）远离平衡态。处于热力学平衡态的系统没有发展活力，只有在偏离平衡条件时，各种各样的相变过程才能得以进行。如 Fe-C 合金块状奥氏体→铁素体相变，只有在偏离 T_0 时才能得以进行。

（3）涨落。涨落是固态相变中的关键环节，如通过能量起伏来实现原子的热激活迁移过程，通过结构和成分起伏来形成可稳定长大的临界晶核等。各种涨落是随机的，同时是系统演化的契机，相变过程进行的诱因。

（4）系统内部的非线性相互作用。非线性的正反馈作用可以把微小的扰动迅速放大，并使系统的定态失稳而形成新相，如奥氏体化、珠光体分解、贝氏体相变、马氏体相变、回火转变和时效等都是系统非线性变化的结果,都对应一个涨落—形核—生长的自组织过程。

1.1.4 多形性是固态相变多变的根源

金属材料组织决定其使用性能。金属及合金组织结构的多变性和复杂性,必然导致材料性能的千变万化。另外,从材料性能这一输出表象信息,可以推测了解材料内部组织结构特征,如碳钢淬火后硬度超过 HRC60,此时就可以判定内部为马氏体组织。

金属和合金组织的形成取决于凝固初期的相选择和后续冷却过程的固态相变过程。相析出与转变使金属及合金的组织结构十分复杂,如钢中过冷奥氏体在进一步冷却过程中将转变为形态各异的珠光体、贝氏体和马氏体等组织;这些组织中存在结构与成分不一的合金相,如残余奥氏体、铁素体、渗碳体、碳化物和金属间化合物等,上述合金相作为一个复杂体系构成了一个层次分明、配合有序的整合系统。

1.2 扩散型相变中原子的迁移

固态相变过程是晶格改组或重构的过程,依靠原子的位移来完成,因此原子的位移是最基本的动作。不同相变过程中原子的位移方式不同,有扩散位移、相界面原子非协同热激活跃迁位移、各类原子集体协同位移等方式,如奥氏体的形成是扩散型相变,碳原子、铁原子和置换原子均能够进行长程迁移。本书所涉及的相变有奥氏体形成和共析分解,均为扩散型相变。本节讨论的内容是这些相变中最基本的动作,即原子位移方式的规律性。

1.2.1 扩散理论概要

1.2.1.1 扩散的定义
不同书刊、不同作者给扩散下的定义有所区别:

(1)"固态中的扩散本质是在扩散力(浓度、电场、应力场等的梯度)作用下,原子定向、宏观的迁移"[3]。这里指的扩散是原子的宏观迁移。

(2)"通过原子(分子)的无规则运动,导致宏观传质,这种过程称为扩散"[4]。

(3)"原子迁移的微观过程以及由于大量原子的迁移而引起物质的宏观流动,称为扩散"[5]。

(4)"扩散是物质内部由于热运动而导致原子或分子迁移的过程"[6]。

(5)"扩散的本质是粒子不规则的布朗运动"[7]。

(6)"原子在固体中从高浓度区域向低浓度区域的运动,称为扩散"[8]。

由此可见,上述几种著作中关于扩散的定义及对于扩散本质的论述并不完全一致,而且多数认为扩散是原子的宏观迁移。由于原子的宏观迁移,造成成分的变化,这当然是扩散过程。但是在大量的固态相变中,原子的迁移仅仅造成微观区域成分的改变,如新相形核时,新相尺寸很小,一般仅在 100 nm 以下,如极细的片状珠光体中,铁素体片或渗碳体片的厚度只有几十个纳米,而铁素体片中,几乎不含碳,而渗碳体片碳含量达 6.67% 。原子的迁移距离是纳米级。因此,在固态相变中,原子的宏观迁移和微观迁移造成成分改变,均为扩散。

现将扩散重新定义为:**在金属和合金中,原子(分子、离子)在扩散力的作用下,进行无规则运动导致的传质过程,称为扩散**。这种传质过程是粒子定向的、不规则的运动,可以是下坡扩散,也可以是上坡扩散,可能是宏观的物质迁移,也可能是微观迁移(纳米尺度范围)的物质流。

这种传质过程导致金属不同区域成分的变化,如金属的氧化、烧结、渗碳、渗金属、均质化、成分发生改变的固态相变等过程都与扩散密切相关。按照此定义,贝氏体相变是“半扩散”相变,即贝氏体铁素体的形成是无扩散的,而残留奥氏体的形成、碳化物产生则是扩散性的。块状相变、马氏体转变时,成分没有改变,是无扩散相变。

扩散理论的研究包括两个方面:一是宏观规律研究,讨论物质的浓度分布与扩散时间的关系,研究扩散速度,建立扩散方程并求解;二是研究扩散过程中原子或离子运动的微观机制,即原子微观的无规则运动和宏观物质流之间的关系。

1.2.1.2　菲克第一定律和稳态扩散

菲克(Fick)第一定律表示了物质的扩散通量 J 与浓度梯度 $\dfrac{\partial C}{\partial X}$ 的关系,即在一维扩散条件下,在单位时间通过单位面积的扩散物质量为:

$$J = -D\left(\frac{\partial C}{\partial X}\right) \tag{1-1}$$

在三维扩散条件下,其通式可写为:

$$J = -D\nabla C \tag{1-2}$$

式中　D——扩散系数;

　　∇C——浓度梯度。

负号表示扩散方向与浓度梯度增长的方向相反。

需要指出的是,当 $\left(\dfrac{\partial C}{\partial X}\right) = 0$ 时,$J = 0$,表明在均匀的合金体系中,不存在原子的净迁移。

菲克扩散第一定律是由大量实验事实总结出来的。一般只在稳态扩散的情况下才能直接应用它测定扩散系数。所谓稳态扩散是指体系中各点的浓度不随时间的变化而变化,即 $\dfrac{\partial C}{\partial t}=0$,因而各处的浓度梯度 $\dfrac{\partial C}{\partial x}$ 有确定值,这时才有可能测量扩散通量 J。需指出的是,固态扩散系数 D 较小,体系达到稳态将需要较长的时间。

1.2.1.3　菲克第二定律

在大多数情况下,固态中各点的浓度随着时间变化而进行非稳态扩散。此时,菲克第一定律仍然成立。但是,由于扩散通量 J 不稳定,则不能直接测得扩散系数。为此借助于质量守恒定律,将菲克第一定律演变为更广泛的形式,即菲克第二定律,其表达式为:

$$\frac{\partial C_A}{\partial t}=\frac{\partial}{\partial x}\left(D_A\frac{\partial C_A}{\partial x}\right) \tag{1-3}$$

当扩散系数与浓度无关时,式(1-3)变为:

$$\frac{\partial C_A}{\partial t}=D_A\frac{\partial^2 C_A}{\partial x^2} \tag{1-4}$$

式中　　C_A——组元 A 浓度;

D_A——组元 A 的扩散系数。

1.2.1.4　扩散系数

原子在晶格中占据确定的位置,但扩散的事实是原子将从一个位置位移到另一个位置。各个原子在其节点附近连续振动,它及其近邻原子的偶尔振动变得十分剧烈,足以使该原子跃迁到相邻位置上。研究表明,原子即使跃迁到最近邻的位置上,完成一次跃迁所需的能量也是很大的,需要较大的能量起伏,并且要求相邻的几个原子进行精确的同步运动。较大距离的原子跃迁是不太可能实现的。

把原子无规则跃迁运动与菲克第一定律联系起来,考虑两个面间距为 a 的原子平面,其中一个平面上溶质浓度为 C_1,另一个平面上浓度为 C_2。令原子的平均跃迁频率为 Γ,它表示原子在单位时间内的跃迁次数。在平面 1 上单位面积溶质原子的数目为 $n_1=C_1a$,在平面 2 上的数目为 $n_2=C_2a$。在时间间隔 δt 内,注意 δt 小于 $1/\Gamma$,在平面 1 上进行跃迁的溶质原子总数是 $n_1\Gamma\delta t$。

溶质原子可以跃迁到最近邻的位置,对于不同的晶体点阵,溶质原子最近邻的位置数目 z 是不同的。对应简单立方点阵 $z=6$。那么,在 δt 时间内,平面 1 上 1/6 的溶质原子将跃迁到平面 2。

在 δt 时间内,从平面 1 跃迁到平面 2 上的净原子数目,即为扩散通量,若原子跃迁频率相同,则有:$J=\dfrac{1}{6}\Gamma(n_1-n_2)=\dfrac{1}{6}\Gamma a(C_1-C_2)$。选 x 轴垂直于这两个平面,有 $C_2=C_1+a\dfrac{\partial C}{\partial x}$,此时,扩散通量 J 为:$J=-\dfrac{1}{6}\Gamma a^2\dfrac{\partial C}{\partial X}$。它与菲克第一定律对比后可确定扩散系数:

$$D = \frac{1}{6}\Gamma a^2 \tag{1-5}$$

可见,扩散系数的大小直接与原子的跃迁频率有关。上式推导过程中没有假定任何机制,仅仅指出在所有方向上的跃迁几率相等,并且所有迁移距离 a 是相同的。这对所有立方点阵都是有根据的近似,因而在所有方向上 D 是一样的。在非立方结构点阵中,在不同方向上的 D 值是不同的。

在上述推导中,假定原子平均跃迁频率 Γ 与原子所在的位置无关,跃迁方向是随机的。这时,只要 $n_1 > n_2$(或 $C_1 > C_2$),就会有从平面 1 到平面 2 的扩散通量,即形成宏观物质流。即使不存在浓度梯度,原子也在做无规则运动。

900℃时,碳在 α-Fe 中的扩散系数约为 10^{-10} m²/s,由式(1-5)可以估算碳原子的跃迁频率 $\Gamma \approx 10^{10}$/s。晶体中原子的振动频率约为 $10^{12} \sim 10^{13}$/s。可见,碳原子在 900℃时,大约需要振动 $10^2 \sim 10^3$ 次可能跃迁一次。

原子跃迁一次的距离 α 与晶体结构有关。对于碳在 α-Fe 中的扩散,碳原子从一个间隙位置跃迁到相邻的间隙位置,若考虑体心立方晶体中的八面体间隙,晶格常数为 a,则距离 $\alpha = \frac{a}{2}$,代入式(1-5)。间隙原子扩散系数与晶格常数的关系为:

$$D_{bcc,i} = \frac{1}{24}a^2\Gamma \tag{1-6}$$

对于体心立方晶体中的自扩散,原子从一个点阵位置跃迁到最近邻的位置,从体心到顶角,$\alpha = \frac{\sqrt{3}}{2}a$,代入上式得:$D_{bcc} = \frac{1}{8}a^2\Gamma$;同理,对于面心立方晶体自扩散,$\alpha = \frac{\sqrt{2}}{2}a$,则:$D_{fcc} = \frac{1}{12}a^2\Gamma$。

对于对称性较差的晶体,由于在 x、y、z 方向跃迁一次的距离不同,扩散系数将表现为各向异性。

试验表明,金属中的扩散系数与温度的关系为:

$$D = D_0 \exp\left(-\frac{Q}{RT}\right) \tag{1-7}$$

式中 D_0——指前因子;

   Q——扩散激活能。

可见,随着温度的升高,扩散系数急剧增加。相反,在冷却过程中,扩散系数随着温度的降低急剧减小,扩散速度大幅度降低。

1.2.1.5 扩散机理

金属和合金具有晶体结构,在这样致密的晶格中原子通过什么方式从一个平衡位置跃迁到另一个平衡位置,原子移动一次的距离为一个原子间距。目前还不能借助于任何仪器直接观察到晶体内部单个原子的运动。一般认为,原子迁移时所需克服的势垒(激活能)最小,则这种迁移方式将是主要的。从统计力学看,激活能越小的过程出现的几率越大。在多晶体金属中,扩散物质可以沿着金属表面、晶界、位错线进行迁移,称为表面扩散、晶界扩散、位错扩散。也可以在晶粒点阵内部发生迁移,称为晶格扩散或体扩散。

对于原子致密排列结构的晶体,下列是提出的几种不同的体扩散机制,如图1-2所示。

A　交换机制

图1-2①是相邻两个原子的直接交换,对于密排金属,这种交换会引起很大的瞬时晶格畸变能,依靠能量起伏来克服这么大的晶格畸变能,理论上几率很小,也缺乏试验支持。图1-2②的轮换方式需要 N 个原子集体运动,可能性也不大,也没有实验支持。

B　间隙机制

在间隙固溶体中,间隙原子从一个间隙位置跃迁到相邻的空着的间隙位置(图1-2④),称为直接间隙机制。小的间隙原子,例如钢中碳就是通过这种机制扩散的。

如果间隙原子较大,就很难从一个间隙位置跳到另一个间隙位置,因为跃迁过程中会造成相当大的瞬时晶格畸变能。如果以图1-2⑤的扩散方式,位于间隙位置的原子把它最近邻的位于正常点阵位置的原子推入间隙位置,而自己占据该位置,这个机制称推填机制。硅中的自扩散和硅中某些置换型溶质的扩散可能通过这种机制来进行。

在致密排列的金属中,自间隙原子的形成能极大,在热平衡时,其浓度几乎可完全忽略。不过当材料处于非平衡态时,如经过塑性变形或辐照后,情况就不同,材料中产生不少 Frankel 缺陷,即相同数目的空位和自间隙原子,这些自间隙原子可通过推填机制扩散。在金属与合金中自间隙原子并不正好位于间隙位置的正中间,而是与最近邻的原子形成哑铃状组态。在面心立方晶格中,哑铃轴沿 <100> 方向;在体心立方晶体中,哑铃轴沿 <110> 方向。

在低温经过辐照的金属,间隙原子可能形成挤列组态,如图1-2⑥原子是间隙原子。正常点阵中排 N 个原子的位置,挤进一个间隙原子,容纳了 $N+1$ 个原子,在此晶向上原子离开了平衡位置。

C　空位机制

热力学计算表明,在一定温度下,晶体中总是存在一定的平衡空位浓度,这是因为一定数量空位的存在可以增加晶体的组态熵,从而降低体系自由能。

在熔点附近,金属中每 $10^3 \sim 10^4$ 个点阵位置中就存在一个空位。空位最近邻的原子有可能和空位交换位置而迁移,如图1-2③所示。空位机制引起的晶格畸变能(对应扩散激活能)相对较小。对于金属与合金中的溶剂原子和置换型溶质原

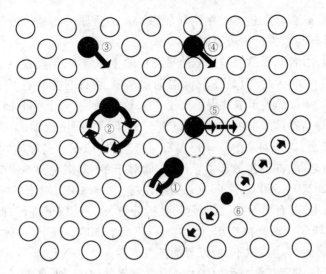

图 1-2　晶体中原子扩散机理示意图
①—直接交换；②—轮换；③—空位；④—间隙；⑤—推填；⑥—挤列

子,空位机制是优先选择的方式。

除了单个空位外,还存在双空位、三空位等空位团簇,它们也对扩散有贡献。随着温度的升高,双空位与单空位数目的比值升高,双空位对扩散的贡献也增加。在稀合金中,溶质与空位之间存在相互吸引的作用,形成溶质-空位对(复合体),这会影响溶质原子的扩散。

D　短路扩散机制

线缺陷(位错)和面缺陷(表面、晶界和相界等)中原子排列比较无序,原子在这些缺陷处的扩散比晶体内部更容易进行。近年来,纳米材料和薄膜材料迅速发展,迫切要求了解短路扩散机制。

关于晶界扩散的机制,目前人们尚无一致的看法。不过有充分的证据表明,金属与合金中沿晶界扩散主要是通过空位机制,但在某些情况下也不排除间隙机制和其他机制。晶界上某些原子排列较为紧密,有些区域原子间距较远,这种不规则排列的原子可能以比晶内原子更高的跃迁频率运动,具有较低的扩散激活能。在较低温度下,晶界扩散的相对贡献增加得多。在发生固态相变时,最快的方式经常是晶界扩散。

沿着晶界、相界、位错的扩散,是扩散的快速通道,或称为短程扩散。因为这些缺陷处的扩散激活能远比点阵中的小,其扩散系数大得多,在接近熔点 T_m 处约高1000 倍,而在 $0.5T_m$ 以下要高 10^6 倍。原子在晶界、相界、位错线上的快速扩散以及组元的偏聚具有重要意义,如低碳钢中 C、N 元素扩散偏聚到位错线上是应变时效和蓝脆的原因。溶质原子在晶界上的偏聚会引起回火脆性,影响晶界的迁移率,从而对再结晶、晶粒长大过程产生明显的影响。溶质原子在晶体缺陷处的偏聚对固态相变的形核与长大产生重要影响[6,7]。

试验表明,沿着晶界的快速扩散使平均扩散速率增加,虽然在高温区晶界扩散和晶内扩散的差异不大,但是在较低温时晶界扩散将起主导作用,当温度小于$(0.75 \sim 0.8)T_m$时,晶界扩散就很重要了[3,8],这就是说,对于一般钢,在1000℃以下,奥氏体中的晶界扩散不可忽视。在$(0.3 \sim 0.5)T_m$温度范围内,晶界扩散占主导地位[6]。那么,对于纯铁,$T_m = 1539℃ + 273 = 1812$ K。当温度在540～900 K(270～630℃)之间,晶界扩散起主导作用;而对于T8钢来说,$T_m \approx 1670$ K,当温度在500～840 K(230～560℃)之间时,晶界扩散起主导作用。按此分析,奥氏体的形成以体扩散为主,兼有界面扩散;而钢的共析分解,在Ar_1以下进行,即碳素钢一般在700℃以下转变为珠光体组织,则在"鼻温"(约550℃)以上,以体扩散为主,界面扩散为辅;而在"鼻温"以下,应以界面扩散为主。

一般情况下,晶界扩散系数(D_b)大于体扩散系数(D_L),即$D_b > D_L$,影响D_b的因素主要有温度、晶界结构、合金元素等。降低温度,沿晶界的扩散系数减小。如表1-2所示,晶体结构不同,晶界扩散的激活能不等,α-Fe较γ-Fe的扩散系数较大。晶界与[100]晶向之间的夹角称为倾角。倾角不同,扩散激活能亦不等。添加组元亦对晶界扩散产生不同的影响,如银在铜中扩散时加入铁时可以促进晶界扩散。

表1-2　大角度晶界的自扩散系数和激活能[8]

元　素	$D_0/cm^2 \cdot s^{-1}$	$Q/kJ \cdot mol^{-1}$
Co	4.0	163.0
Cr		192.3
γ-Fe	2.0×10^{-4}	127.9
γ-Fe	3.0～5.0	163.0
γ-Fe	1.0	167.2
γ-Fe + 0.0018% B	3.0×10^{-3}	201.8
α-Fe	1.2	139.6
α-Fe	1.3	167.2
α-Fe + 0.0018% B	7.8×10^3	221.9
Ni	1.8×10^{-2}	108.6

位错也是扩散通道,在位错中的原子比远离位错的原子具有较高的跃迁频率和较低的扩散激活能。普遍认为:刃型位错明显地增强原子的运动,而且沿着刃型位错扩散的激活能与沿晶界扩散大约相当,这样,在低温区沿着位错扩散将更为重要。近年来的研究表明,不同位错结构的扩散激活能不同,以沿着不扩展位错的扩散最快,沿着扩展位错扩散次之,沿着螺型位错扩散最慢。

以上所讨论的扩散是在平衡态或亚稳态下进行的。如果在淬火冷却情况下,过冷状态相变晶界处于非平衡状态,这时,正在迁移的晶界中的扩散不同于静止状态。受化学位梯度作用诱发的晶界迁移使移动界面中扩散加速。在晶界迁移时的扩散系数比静止晶界时高几个数量级,即随着迁移晶界的扩散速度很快。在迁移晶界中扩散时,扩散原子可以跃迁很长的距离,激活熵很大,这对珠光体和贝氏体相变动力学的研究有一定的意义。

1.2.2 原子迁移的热力学

在热力学中,化学势 u_i 为每个 i 种原子的吉布斯自由能,即 $u_i = \dfrac{\partial G}{\partial n_i}$,$n_i$ 是组元 i 的原子数。固态相变中原子的扩散位移,其化学驱动力 F 可由化学势 u_i 对距离求导得到,即 $-\dfrac{\partial u_i}{\partial x}$,式中的负号表示驱动力与化学势下降的方向相同,也就是说,原子的扩散总是向化学势降低的方向进行。

在化学势的驱动下,扩散原子在固体中沿给定方向迁移时将受到溶剂原子对它产生的阻力,阻力大小与扩散速度成正比。当溶质原子扩散阻力与化学驱动力相等时,溶质原子的扩散将达到它的极限速度,即原子的平均扩散速度 v,它可用下式表示:

$$v = BF \tag{1-8}$$

式中 B——单位驱动力作用下的迁移率大小。

扩散通量等于扩散原子的质量浓度 C_i 和其平均速度的乘积,即:

$$J = C_i B_i F_i = -C_i B_i \left(\frac{\partial u_i}{\partial x} \right) \tag{1-9}$$

这说明原子扩散通量取决于化学势梯度的大小,原子迁移的结果将导致化学势梯度逐渐降低为零。

金属晶界原子排列规则程度低于晶粒内部,属于能量较高的区域,溶质原子进入晶界可以降低系统的总能量,这也就是溶质原子在晶界偏聚,从而使得该处溶质原子浓度较高。同样,应力场对原子的迁移过程亦有影响。如果晶粒内部存在弹(塑)性应力梯度,较大半径的原子将向点阵受拉应力的区域迁移,而较小半径的原子将向承受压应力的区域移动。无扩散相变过程的驱动力则仅为相变前后两相化学势之差,原子将在其作用下进行集体协同的位移。

1.2.3 实际金属中的扩散

扩散的宏观规律和微观机制之间有着密切的关系,在讨论实际金属的扩散之前,先就扩散的微观机制和影响因素加以简单的总结。

扩散过程的微观机制主要有空位机制和间隙机制两种。空位扩散机制是固态材料中质点迁移的主要机制,金属晶体中由于本征热缺陷存在或杂质原子不等价取代而形成空位,空位周围晶格上的原子可能跳入空位,从而实现了空位与跳入空位的原子相反方向的迁移。间隙扩散机制中,处于间隙节点的原子在从某一间隙位置移入另一邻近间隙位置的过程必然引起其周围晶格的畸变,与空位机制相比,所产生的晶格畸变大,该机制主要对应间隙原子的扩散过程。需要指出的是,在实际扩散过程中还存在一种亚间隙机制,即位于间隙位置的 A 原子通过热振动将晶格节点上的 B 原子推入 C 间隙位置而 A 原子进入晶格节点位置 B,该扩散机制所造成的晶格畸变程度在空位机制和间隙机制之间。

金属材料内部扩散将导致材料微观结构的变化,而温度、成分、晶体结构类型、缺陷种类和数量等因素都将对扩散过程产生不可忽略的影响。

温度对扩散过程的影响规律由式(1-7)可知,温度越高,原子跃迁越容易进行;与此同时,扩散激活能越大,说明温度对扩散系数的影响越显著。

一般情况下,实际金属材料组分较多,整个扩散过程并不局限于某一种原子的迁移,而可能是两种或两种以上的原子同时参与,因而实测得到的是互扩散系数。互扩散系数不仅要考虑每一种扩散组元与溶剂的相互作用,还要考虑各扩散组元彼此间的相互作用。

晶体结构类型对扩散过程影响明显,原子在密排结构中的扩散一般比在非密堆积结构中慢,特别是在纯金属的同素异构转变中,不同结构的自扩散系数完全不同,如 910℃碳在体心立方结构的 α-Fe 中的自扩散系数为面心立方结构的 γ-Fe 的两百多倍。同一溶质原子在不同晶体结构的固溶体中扩散系数也不相同,如 910℃时,碳在 α-Fe 中的扩散系数比在 γ-Fe 中高两个数量级。固溶体的类型也会影响扩散系数的大小,与间隙固溶体相比,置换固溶体中置换原子通过空位机制扩散时需先形成空位,因此,置换原子的扩散激活能比间隙原子大得多,如表 1-3 和表 1-4 所示。置换原子在不同的晶体结构中扩散快慢程度也不相同,表 1-4 给出了钢铁材料中主要置换原子(如 Co、Cr、Cu、Mn、V、W 和 Mo 等)在各体系中的扩散系数。W、Mo 和 Cr 等置换原子在 α-Fe 中的扩散速率比在 γ-Fe 中快很多。

此外,铁磁性和顺磁性也影响组元的扩散过程,如置换原子在顺磁性 α-Fe 中扩散激活能低于铁磁性 α-Fe,详见表 1-4。

表 1-3　间隙型原子在铁中的扩散激活能和指前因子[4]

扩散组元	α-Fe		γ-Fe	
	$D_0/cm^2 \cdot s^{-1}$	$Q/kJ \cdot mol^{-1}$	$D_0/cm^2 \cdot s^{-1}$	$Q/kJ \cdot mol^{-1}$
C	0.008	82.5	0.738	159.0
N	0.003	76.5	0.043	123.0
H	0.011	11.5	0.008	43.2
B	0.023	79.8	0.002	87.9
O	0.037	97.6	5.754	168.9

表 1-4 置换原子在铁中的扩散激活能和指前因子[4]

扩散组元	α-Fe(铁磁性)		α-Fe(顺磁性)		γ-Fe	
	$D_0/cm^2 \cdot s^{-1}$	$Q/kJ \cdot mol^{-1}$	$D_0/cm^2 \cdot s^{-1}$	$Q/kJ \cdot mol^{-1}$	$D_0/cm^2 \cdot s^{-1}$	$Q/kJ \cdot mol^{-1}$
Fe	6.40	291.7	1.77	236.5	1.05	283.9
Co	7.19	260.4	6.38	257.1	1.25	305.2
Cr	0.44	253.3	8.52	250.8	4.08	286.8
Cu	0.47	244.4	0.57	238.6	4.16	306.2
Mn	1.49	233.6	0.35	219.8	0.16	261.7
Ni	1.40	245.8	1.30	234.5	1.09	296.8
V	0.61	259.2	2.04	229.8	800.01	330.3
W			0.29	230.7	1000	376.8
Mo					0.036	239.8

各向异性晶体中的原子扩散具有一定的取向性,如汞在密排六方结构锌中沿平行于[0001]方向上的扩散小于垂直方向上的扩散,这是因为平行于[0001]方向上的原子扩散要通过原子排列最紧密的(0001)面,但这种各向异性随温度的升高逐渐减小。

多晶材料一般是由取向不同的晶粒相接整合而成,不同晶粒间存在原子排列相对紊乱的晶界区域。研究发现,原子在晶界上的扩散远比晶内快。图 1-3 对比了金属银中银原子在晶粒内部自扩散系数 D_b、晶界扩散系数 D_g 和表面扩散系数 D_s 的大小,所对应的激活能分别为 193 kJ/mol、85 kJ/mol 和 43 kJ/mol,显然激活能的差异与晶体缺陷之间的差别有良好的对应关系。

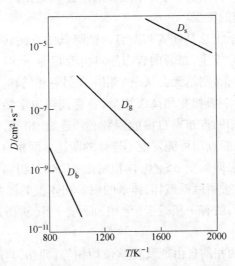

图 1-3 银的自扩散系数 D_b、晶界扩散系数 D_g 和表面扩散系数 D_s 随温度的变化关系

此外,多合金组元的加入对扩散过程影响程度不一。在钢中加入 W、Mo、V 和 Cr 等强碳化物形成元素可强烈阻止碳的扩散;加入那些不易形成碳化物并形成固溶体的合金元素对碳的扩散过程产生不同的影响,如少量钴的加入使得碳原子在 γ-Fe 中的扩散提高了一倍左右,而少量硅的加入则降低碳的扩散系数,从而使贝氏体中的渗碳体难以析出。

此外,晶粒内部存在的各种位错也往往是原子容易移动的途径,结构中位错密度越高,位错对原子(或离子)扩散的贡献越大,如刃型位错的攀移需要通过多余半原子面上的原子扩散来进行,在刃型位错应力场的作用下,溶质原子常常被吸引扩散到位错线的周围形成气团,因此刃型位错可看成是一条孔道,原子的扩散可以通过刃型位错线较快地进行,理论计算结果表明,沿刃型位错线的扩散激活能还不到完整晶体中扩散激活能的一半。

此外,杂质原子对扩散的影响较为复杂。一般而言,当引入少量杂质原子造成晶格畸变时扩散系数将增大;当杂质含量增加到一定程度时,引入杂质与扩散溶剂形成化合物,或发生沉淀相析出时将导致扩散速率下降。

1.3　固态相变热力学

1.3.1　相变热力学分类

固态相变作为凝聚态物理、材料科学领域的重要科学问题,是指在外界条件发生变化的过程中物相于某一特定条件下(临界值)发生的突变,具体表现为:(1)从一种结构变化为另一种结构;(2)化学成分的不连续变化;(3) 更深层次序结构的变化并引起物理性质的突变。

按热力学观点,系统总是朝吉布斯自由能降低的方向转变。当两相处于互相平衡状态时,相变不会发生,二者的吉布斯自由能相等,此时构成材料的组元在两个相中的化学位相等,否则组元会从一个相中向另一相转移,即有相变发生。

固态相变可分为一级相变和高级相变,各有其热力学参数改变的特征。在任何相变点上,共存两相的吉布斯自由能函数必须连续、相等,但作为吉布斯自由能函数的各阶导数在相变点却可能发生不连续的跃迁。两相自由能的一级偏微商不相等的称为一级相变,即熵变 $\Delta S \neq 0$,体积变化 $\Delta V \neq 0$。当温度 T 或压强 P 发生变化 (偏离临界点时),平衡就被破坏,体系的熵 S 和体积 V 将发生变化,向自由能进一步降低的方向发展,就有一相减少(母相)而另一相(新相)增加,这时发生的相变称为一级相变。

在相变温度下,两相的自由能及化学位均相等,即:$\mu^{\alpha} = \mu^{\beta}$。如果一级偏微熵不相等,即:

$$\left(\frac{\partial \mu^{\alpha}}{\partial P}\right)_T \neq \left(\frac{\partial \mu^{\beta}}{\partial P}\right)_T \tag{1-10}$$

因为 $\left(\dfrac{\partial \mu}{\partial P}\right)_T = V$，所以 $V^{\alpha} \neq V^{\beta}$。

$$\left(\frac{\partial \mu^{\alpha}}{\partial T}\right)_P \neq \left(\frac{\partial \mu^{\beta}}{\partial T}\right)_P \tag{1-11}$$

因为 $\left(\dfrac{\partial \mu}{\partial T}\right)_P = S$，所以 $S^{\alpha} \neq S^{\beta}$。

　　表明一级相变时,有体积和熵的突变,即有体积的胀缩及潜热的释放或吸收。金属中大多数相变属于一级相变。例如,钢中的相变引起体积的变化,如表1-5所示,可知奥氏体、铁素体、渗碳体、马氏体各相比体积不同,奥氏体转变为珠光体、贝氏体、马氏体,比体积均增大,体积均膨胀。

表1-5　钢中各种相和组织的比体积

序　号	相 和 组 织	碳含量$w(C)/\%$	比体积(20℃)/$cm^3 \cdot g^{-1}$
1	铁素体	$0 \sim 0.02$	0.1271
2	渗碳体	6.67	0.130 ± 0.001
3	马氏体	$0 \sim 2$	$0.1271 + 0.00265 w(C)$
4	奥氏体	$0 \sim 2$	$0.1212 + 0.0033 w(C)$

　　对于二级相变,自由能函数的一级偏微熵也相等,只是二级偏微熵不相等。依此类推,自由能函数的 $n-1$ 级偏微熵相等, n 级偏微熵不相等时称为 n 级相变,其中 $n \geqslant 2$ 的相变均属高级相变。

　　二级相变时, $V^{\alpha} = V^{\beta}$, $S^{\alpha} = S^{\beta}$,即没有体积和熵的突变,没有体积的胀缩及潜热的释放或吸收。但压缩系数 k、质量定压热容 c_p、线膨胀系数 α 有突变。磁性转变、有序转变等为二级相变。

1.3.2　相变过程的能量变化

1.3.2.1　相变驱动力

当温度偏离临界点后,新相与母相的体积自由能不相等。当新相的自由能低于母相的自由能时($\Delta G_V < 0$),新相形成是自由能降低的自发过程,此时的自由能差 ΔG_V 为相变过程提供了相变驱动力。

　　在单元系液体结晶成固相时,驱动力为固液相自由能之差 ΔG_{pt},阻力为新相的表面能 ΔG_i。能量关系为:

$$\Delta G_V = \Delta G_{pt} + \Delta G_i \tag{1-12}$$

　　但在固态相变中,由于新旧相比体积差和晶体位向的差异,这些差异产生在一个新旧相有机结合的弹性的固体介质中,在核胚及周围区域内产生弹性应力场,该

应力场包含的能量就是相变的新阻力-体积应变能 ΔG_{def},即:

$$\Delta G_V = \Delta G_{pt} + \Delta G_i + \Delta G_{def} \tag{1-13}$$

式中 ΔG_{pt}——相变驱动力,它是新旧相吉布斯自由能之差;

$\Delta G_i + \Delta G_{def}$——相变阻力。

当 ΔG_{pt} 项的绝对值大于相变阻力时,相变才能进行,如果相等,则处于平衡状态。

1.3.2.2 相变阻力

对一级相变过程来说,新相和母相因为成分或结构的差别,新相的比体积不同,因此在新相形核和长大时必然会发生热容(或体积)的变化,这就是利用差热分析和线膨胀测量来跟踪相变动力学过程的物理基础。如图 1-4 给出了二元置换固溶型 Fe-3% Mn 合金在升温和降温过程的线膨胀量的变化过程,AB 段为升温过程铁素体正常膨胀过程,BC 段对应铁素体→奥氏体转变过程,CD 段和 DE 段分别为升温和降温过程奥氏体膨胀与收缩过程,EF 段为奥氏体→铁素体相变过程,FG 段为冷却过程中铁素体正常收缩过程。

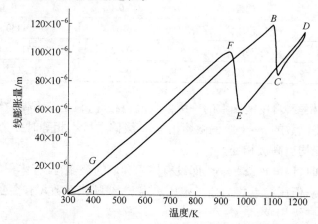

图 1-4 Fe-3% Mn 合金升降温过程线膨胀量变化曲线[9]

由于母相是固体,无法像液体那样通过流动来容纳这个变化,受母相晶格的约束,新相和母相都将产生弹(塑)性应变,如奥氏体→铁素体相变时体积发生膨胀(见图 1-4 中的 EF 段),则新生成的铁素体相将承受压应力而发生压缩变形,母相将承受拉应力而发生拉伸变形,新旧两相相变过程中所产生的弹(塑)性应变将带来体积应变能的增加。弹(塑)性应变能的大小取决于新旧两相的比体积差,材料的弹性模量越大,体积应变能越大;另外也与新相的几何形状有关,设新相为椭球形,半径比为 b/a,在同样的体积下,体积应变能和 b/a 的关系如图 1-5 所示。

新相形核时,在核周围有限的范围内,引起弹性畸变,形成应力场。如果两相的力学性能差别不大,则体积应变能在两相中协调分布。体积应变能分为非共格应变能和共格应变能两类。

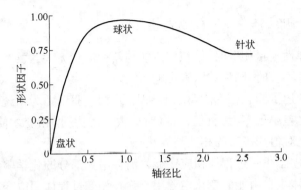

图 1-5　体积应变能和椭球形半径比 b/a 的变化关系[10]

A　非共格应变能

非共格相形成时,应变能与体积差、新相形状、母相的力学性能有关。体积差用体错配度 Δ 表示:

$$\Delta = \frac{\Delta V}{V^\alpha} \tag{1-14}$$

式中　V^α——母相的比体积;

　　　ΔV——新旧相比体积差。

设泊松比 $\nu = \frac{1}{3}$,则非共格体积应变能 U_V^i 为:

$$U_V^i = \frac{1}{4}E\Delta^2 f\left(\frac{b}{a}\right) \tag{1-15}$$

式中　E——母相的弹性模量;

$f\left(\dfrac{b}{a}\right)$——一个与新相形状有关的函数,称形状因子。

新相从圆盘状到针状,a 为直径,b 为厚度(长度)。如图 1-5 所示,新相为球状时,阻力最大,盘状最小,棒(针)状介于其间。

U_V^i 的数值与相应的表面能值比较往往很小,计算时常常可以忽略不计,但可用于分析析出相的形状。

B　共格应变能

共格在新相周围引发应力场,为简化起见,设畸变发生在母相中。正弹性(伸缩)共格应变能与两相晶格常数的差别及母相弹性模量有关。当泊松比 $\nu = \frac{1}{3}$ 时,体积应变能为:

$$U_V^c \approx \frac{3}{2}E\delta^2 \tag{1-16}$$

式中　E——弹性模量;

δ——错配度，$\delta = \dfrac{a^{\beta} - a^{\alpha}}{a^{\alpha}}$（$a$ 为晶格常数）。

当两相的弹性模量相等时,体积应变能与新相形状无关,式(1-15)取等号。如果两相弹性模量不等时,则形状因素影响增大。

上述分析论述了固态相变的驱动力和阻力,相变驱动力为系统自由能的降低,新旧相自由能之差小于零,为负值,其绝对值大于阻力时,相变才能进行下去。驱动力与阻力的绝对值相等时为相变临界状态。

研究表明,固态相变过程体积应变能将消耗绝大部分的化学驱动力[9],也就是说,相变过程的体积自由能的变化主要用于弥补相变过程体积应变能的增加。

由于新相与母相的成分或结构不同,固态相变过程不可避免地导致新相与母相界面的形成,该界面处的原子在很小的区间内所处的平衡位置为从母相到新相的中间过渡状态,这样能量较低,但还是高于在各自相区内的能量,两者能量之差就构成了新相与母相的界面能。

根据新相和母相界面结构方式的不同,两相界面可分为非共格界面、完全共格界面和半共格界面三种类型。当新相与母相之间没有相邻取向关系(类似大角度晶界)时为非共格界面,此时各处的界面能大致差不多,原子排列过渡相对困难,所对应的界面能较高;当一相的某一晶面上的原子排列和另一相的某晶面的原子排列完全相同,两相以该晶面来分界,此时两相之间存在固定的取向关系,这就是完全共格界面,所对应的界面能非常低;当一相的某一晶面上的原子排列和另一相的某晶面的原子排列相近但不是完全相同,这样就形成了半共格界面,该界面在小区域内可以通过少量弹性变形来维持共格关系,适当利用位错的半原子面来补偿并达到较低能量,此时所对应的界面能主要是为维持共格的弹性应变能。当二者相差较小时,位错的半原子面较少,共格的程度较高,界面的能量较低。

新旧两相界面能的增加由体积自由能来提供,理论计算表明,纯铁中 γ/α 界面能约为 0.8 J/mol[11],当相变过程进行到一半时估算的界面能增加值约为 0.2 J/mol,远远小于体积自由能的变化值[11],因此该项能量变化在计算相变阻力时可忽略不计。

最后还应指出,固态相变中阻力较大,为使相变进行需遵循能量最低原理,即相变总是选择阻力较小的途径进行,若相变驱动力难以克服相变阻力时,系统自组织功能将采取过渡相的方式逐级地演化,存在一个转变贯序,每一步转变耗能较小,逐级推进,最终得到平衡相。

1.4　固态相变动力学

1.4.1　形核率

形核率是经典的相变动力学讨论的中心问题之一。形核率是单位时间、单位体积母相中形成的新相晶核的数目。其表达式为：

$$\dot{N} = C^* f \tag{1-17}$$

式中　C^*——母相中临界尺寸的新相核胚的浓度，个/单位体积；

　　　f——临界核胚成核频率，次数/单位时间。

C^*、f 两值确定后即可得出形核率完整的数学表达式。

1.4.1.1　临界核胚浓度 C^*

欲确定 C^* 值，首先要搞清可供形核地点的问题。核胚可能以任意一个阵点为基础而形成，因此晶体阵点就是可供形核的地点。单位体积内可供形核的地点数目 C_0 就是阵点密度（个/单位体积）。

形成临界核胚大小 n^* 时，每个原子所需的能量上涨值为：

$$\Delta U = \frac{\Delta G^*}{n^*} \tag{1-18}$$

按着 Maxwell-Boltzman 能量分配定律，任何一个独立振子的振动能量处于常态（ΔU 或高于 ΔU）以上的几率为：

$$p_1^{\Delta U} = \exp\left(-\frac{\Delta U}{kT}\right) \tag{1-19}$$

式中　k——玻耳兹曼常数；

　　　T——相变时的绝对温度。

n^* 个原子的能量同时上涨 ΔU（或高于 ΔU）的几率为：

$$p_n^{\Delta U} = \exp\left(-n^*\frac{\Delta U}{kT}\right) = \exp\left(-\frac{\Delta G^*}{kT}\right) \tag{1-20}$$

则临界核胚浓度 C^* 为：

$$C^* = C_0 \exp\left(-\frac{\Delta G^*}{kT}\right) \tag{1-21}$$

可见，临界形核功 ΔG^* 越大，新相核胚的浓度 C^* 越小。

1.4.1.2　临界核胚成核频率 f

当一个临界核胚由周围母相原子热振动而进入核胚一个原子，成为 n^*+1 的新原子团，从而超过了临界晶核的大小，即获得了稳定生长的能力。

n^* 核胚在单位时间内接受紧邻原子振动碰撞的次数为 f_0：

$$f_0 = SV_0 p \tag{1-22}$$

式中　S——紧邻原子数；

　　　V_0——原子振动频率；

　　　p——在进入核胚 n^* 方向上的振动分量（分数）。

按着 Maxwell-Boltzman 能量分配定律，f_0 次碰撞中，有多少次可以进入核胚，并成为 n^* 核胚上的原子。若母相原子跨过核胚界面进入新相核胚所需的能量上涨

值为 Q，则 f 为：

$$f = f_0 \exp\left(-\frac{Q}{kT}\right) \qquad (1-23)$$

式中　Q——接近母相原子的自扩散激活能。

依据上述计算，可以得出晶核的均匀形核率：

$$\dot{N} = C^* f = C_0 f_0 \exp\left(-\frac{Q + \Delta G^*}{kT}\right) \qquad (1-24)$$

在上式的 exp 项中，温度 T 的下降引起 Q 和 ΔG^* 值向相反的方向变化。对于 ΔG^* 值，当过冷度 ΔT 不大时，有 $\Delta G_A \propto \Delta T$，则：

$$\Delta G^* \propto \frac{1}{(\Delta G_A)^2} \propto \frac{1}{(\Delta T)^2}$$

所以，随着温度 T 的下降，过冷度 ΔT 增大，$\exp\left(-\dfrac{\Delta G^*}{kT}\right)$ 因子是增大的。而对于 Q 项，由于晶格能垒几乎不随温度变化而变化，所以温度下降，$\exp\left(-\dfrac{Q}{kT}\right)$ 因子是减小的。这两个因子的共同作用，使得形核率在 $\dot{N}$-T 曲线上出现极大值，如图1-6 所示。

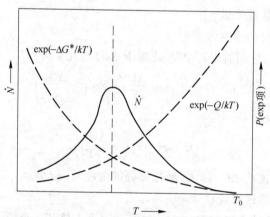

图1-6　形核率与温度的关系曲线

实际上，晶核的形成是一个动态过程。有些临界核胚得到了原子而成为晶核，这使临界核胚的浓度降低。同时，由于热激活，随机涨落又不断形成新的核胚。当平衡时，出现稳定状态。

实验表明，形核率还与时间有关，即在形核前还需要经历一段孕育期，记为 $\tau_{孕}$。这样，在形核率中需要再乘以一个因子 $\exp\left(-\dfrac{\tau_{孕}}{\tau}\right)$，则形核率改为 I：

$$I = \dot{N} \exp\left(-\frac{\tau_{孕}}{\tau}\right)$$

$$I = I_0 \exp\left(-\frac{Q + \Delta G^*}{kT}\right)\exp\left(-\frac{\tau_孕}{\tau}\right) \tag{1-25}$$

其中，$I_0 = C_0 f_0$。

1.4.2 Johnson-Mehl 方程

设形核率 I 和长大速度 G 与时间 τ 无关，在等温转变过程中是常数。

设新相晶体呈现球形。从时间 τ_i 到 τ，晶核长大到体积 V'：

$$V' = \frac{4}{3}\pi G^3 (\tau - \tau_i)^3 \tag{1-26}$$

此式仅当此晶核独立长大，而与其他晶粒不发生接触方能成立。

再设时间为 τ 时，已经形成的新相的体积分数为 f，则在 $d\tau$ 时间内形成的晶核数目为 dn：

$$dn = I(1-f)d\tau \tag{1-27}$$

即

$$Id\tau = dn + If d\tau \tag{1-28}$$

式 (1-28) 中的 dn 为真实晶核数，$Id\tau$ 称为假想晶核数，$If d\tau$ 称为虚拟晶核数。如果不考虑相邻新相的重叠，也不扣除虚拟晶核数，则转变所得的新相体积分数 f_{ex}（称为扩张体积）为：

$$f_{ex} = \int_0^\tau V' I d\tau = \frac{\pi}{3} I G^3 \tau^4 \tag{1-29}$$

此式仅适用于转变初期。因为，转变初期新相的体积分数为 f 很小，虚拟晶核数可忽略不计，新相晶粒不可能相遇而重叠，因此，$f_{ex} \approx f$。随着延长相变时间，虚拟晶核数增多，相邻新相晶粒可能发生重叠现象，如图 1-7 所示，则此时 $f_{ex} > f$。

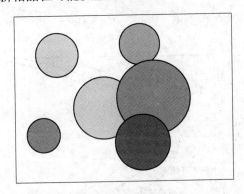

图 1-7　不同晶粒相遇重叠示意图

任选一个小区域，从统计观点看，此小区域的分数应等于未转变区域的分数 $1-f$。如果转变在此区域内发生，则 f 增加到 $f + df$；f_{ex} 增加到 $f_{ex} + df_{ex}$。df 应当正比于 $1-f$，而 df_{ex} 与 f 无关，则有：

$$\frac{\mathrm{d}f}{\mathrm{d}f_{\mathrm{ex}}} = \frac{1-f}{1} \tag{1-30}$$

则

$$\mathrm{d}f_{\mathrm{ex}} = \frac{\mathrm{d}f}{1-f} \tag{1-31}$$

积分得：

$$f_{\mathrm{ex}} = \int \mathrm{d}f_{\mathrm{ex}} = \int_0^f \frac{\mathrm{d}f}{1-f} = -\ln(1-f) \tag{1-32}$$

将式(1-29)代入式(1-32)，得：

$$-\ln(1-f) = \int_0^\tau V'I\mathrm{d}\tau = \frac{\pi}{3}IG^3\tau^4$$

移项整理得：

$$f = 1 - \exp\left(-\frac{\pi}{3}IG^3\tau^4\right) \tag{1-33}$$

此即 Johnson-Mehl 方程，反映了等温条件下转变量与时间的非线性关系。此式应用时有四个约束条件：任意形核、I 为常数、G 为常数、τ 很小。因此，该方程与固态相变实际相差较大。将式(1-33)绘出图形，动力学曲线呈 S 形，等温转变图呈 C 形，如图 1-8 所示。

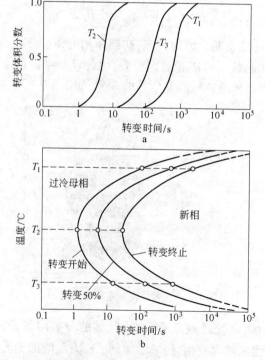

图 1-8　相变动力学曲线(a)和等温转变图(b)

1.4.3 Avrami 方程

上述 Johnson-Mehl 方程与实际的相变过程有差距。实际上形核率和长大速度均不为常数,可改用 Avrami 提出的经验方程式:

$$f = 1 - \exp(- b\tau^n) \tag{1-34}$$

式中,b 和 n 取决于 I 和 G。如果母相晶粒不太小,晶界形核很快饱和。假设晶核长大速度 G 为常数。形核位置饱和后,转变过程仅由长大过程控制,这时因 I 已经降低到零,则 Avrami 方程式分别为:

界面形核时:
$$f = 1 - \exp(- 2AG\tau)$$

晶棱形核时:
$$f = 1 - \exp(- \pi LG^2\tau^2)$$

晶隅形核时:
$$f = 1 - \exp(- \frac{4}{3}\pi CG^3\tau^3)$$

式中 A,L,C——分别为单位体积中的界面面积、晶棱长度、界隅数。

若母相晶粒直径为 D,则:
$$A = 3.35Dd^{-1}; L = 8.5D^{-2}; C = 12D^{-3}$$

Johnson-Mehl 方程和 Avrami 方程仅仅适用于扩散型相变,因此对于奥氏体的形成和珠光体转变,上述两个方程反映了一定的规律性。而对于贝氏体相变和无扩散的马氏体相变,其相变动力学是不能应用的,尤其是马氏体相变动力学与此很不相同。

各种不同类型相变的 n 值可查阅表 1-6[3]。此表对于判断转变机制及估计转变速度有用。

表 1-6 Avrami 方程在各种相变机制中的 n 值[3]

条件		n 值
多形性转变与其他界面控制型生长、胞状长大	形核率随着时间增加	>4
	形核率不随着时间改变	4
	形核率随着时间下降	3~4
	最初形核后,形核率即下降为零	3
	晶棱形核饱和后	2
	界面形核饱和后	1
长程扩散控制型生长(初期阶段)	从小尺寸开始的各种形状的生长,形核率随着时间增加	>5/2
	从小尺寸开始的各种形状的生长,形核率不随时间改变	5/2
	从小尺寸开始的各种形状的生长,形核率随着时间下降	3/2~5/2
	从小尺寸开始的各种形状的生长,最初形核后,形核率即下降为零	3/2
	初始体积较大的颗粒的生长	1~3/2
	针状、片状沉淀的生长,沉淀物间距大于沉淀物尺寸	1
	长柱状沉淀物的加粗(当轴向长大停止时)	1
	大片状沉淀物的增厚(由于边缘相碰,已不能向前延伸)	1/2
	早期位错线时的沉淀	2/3

1.4.4　动力学曲线和等温转变图

Johnson-Mehl 方程和 Avrami 方程都是描写等温转变过程。在各自的温度下均有等温转变动力学曲线。图 1-8 是依据 Johnson-Mehl 方程所做的等温转变曲线。

近来,研究表明,T8Mn 钢连续冷却转变动力学曲线也同样符合 Avrami 方程的规律性[12,13]。

由于形核率主要受临界形核功控制,对冷却转变而言,形核功 ΔG^* 随着温度的降低,即过冷度增大而急剧地减小,故使形核率增加,转变速度加快。扩散型相变的线长大速度 v 也与温度有关,随温度降低,扩散系数 D 变小,v 则随 D 的减小而降低。这是两个相互矛盾的因素,它使得动力学曲线呈现 S 形,而使 TTT 图呈现 C 形,一般称为 C 曲线。

参　考　文　献

[1]　刘宗昌. 钢的系统整合特性[J]. 钢铁研究学报,2002,14(5):35～41.

[2]　Liu Y C,Sommer F,Mittemeijer E J. Inter. J. Mater Res. 2008,99:925～932.

[3]　戚正风. 固态金属中的扩散与相变[M]. 北京:机械工业出版社,1998.

[4]　余永宁. 金属学原理[M]. 北京:冶金工业出版社,2000.

[5]　曹明盛. 物理冶金基础[M]. 北京:冶金工业出版社,1985.

[6]　赵品. 材料科学基础[M]. 哈尔滨:哈尔滨工业大学出版社,1999.

[7]　肖纪美. 合金相与相变[M]. 北京:冶金工业出版社,2004.

[8]　R. W. 卡恩. 物理金属学[M]. 北京:科学出版社,1985.

[9]　Liu Y C,Sommer F, Mittemeijer E J. Acta Mater,2003,51: 507.

[10]　Gottstein G. Physical Foundations of Materials Science. Springer 2005, 327.

[11]　Yang Z, Johnson R A. Modelling & Simulation in Mater Sci. &Eng. 1993, 1: 707～716.

[12]　吕旭东,刘宗昌,王贵. T8Mn 钢珠光体连续冷却转变动力学[J]. 特殊钢,2000, 21(3):20.

[13]　刘宗昌,任慧平. 过冷奥氏体扩散型相变[M]. 北京: 科学出版社,2007.

2 逆共析转变与奥氏体

在共析钢中，奥氏体在 Ar_1 温度转变为珠光体（$F + Fe_3C$），铁素体和碳化物共析共生，称为共析分解；当加热到 Ac_1 温度时，铁素体 + 渗碳体转变为奥氏体，则称为逆共析转变。

钢件在热处理、热加工等热循环过程中，将改变钢的组织结构及其性能。而钢件的热循环过程中，大部分需要将钢加热到临界点以上进行奥氏体化，或部分奥氏体化，然后以某种必要的速度冷却下来，以便得到预定的组织结构，获得某些预定的性能。

加热得到的奥氏体的组织状态，包括奥氏体的成分、晶粒大小、亚结构、均匀性以及是否存在碳化物、夹杂物等其他相。这些对于奥氏体在随后冷却过程中得到的组织和性能有直接的影响，因此研究钢中奥氏体的形成机理，把握形成奥氏体状态的方法，具有重要的实际意义和理论价值。

2.1 奥 氏 体

奥氏体是钢中最重要的组成相之一。以往，将奥氏体定义为：碳溶入 $\gamma\text{-Fe}$ 中的固溶体。此定义不够严密。确切地讲，**钢中的奥氏体是碳或各种化学元素溶入 $\gamma\text{-Fe}$ 中所形成的固溶体**。奥氏体是多种化学元素构成的一个整合系统。实际工业用钢中的奥氏体，是具有一定碳含量，有时特意加入一定含量的某些合金元素而形成的固溶体。奥氏体中还常存有少量杂质元素，如 Si、Mn、S、P、O、N、H 等。

2.1.1 奥氏体的组织形貌

奥氏体一般由等轴状的多边形晶粒组成，晶粒内有孪晶。在加热转变刚刚结束时的奥氏体晶粒比较细小，晶粒边界呈不规则的弧形。经过一段时间加热或保温，晶粒将长大，晶粒边界可趋向平直化。

铁碳相图中奥氏体是高温相，存在于临界点 A_1 温度以上，是珠光体逆共析转变而成。图 2-1a 是 50CrVA 钢 1100℃ 加热 7 min 形成的奥氏体组织（高温暗场像），是碳、铬、钒等元素溶入 $\gamma\text{-Fe}$ 中的固溶体，白色网状为奥氏体晶粒的晶界，在个别晶粒中可以看到孪晶。

当钢中加入足够多的扩大 $\gamma\text{-Fe}$ 相区的化学元素时，如 Ni、Mn 等，则可使奥氏体稳定在室温，如奥氏体钢。图 2-1b 为 304 奥氏体不锈钢在室温时的奥氏体组织,是 γ-Fe 中溶入了碳、铬、镍等化学元素形成的固溶体。可见,奥氏体晶粒中有许多孪晶。图中灰、白颜色不同的衬度是由于各晶粒暴露在磨光试样表面上的晶面具有不同的取向的缘故。

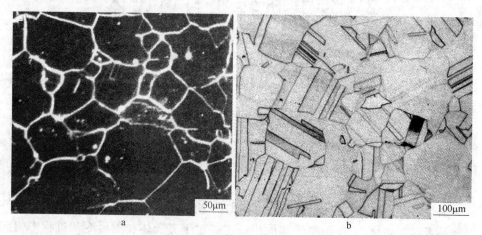

图 2-1　钢中奥氏体组织形貌

a—50CrVA 钢的奥氏体晶粒(暗场像)[1];b—304 不锈钢的奥氏体和孪晶[2]

2.1.2　奥氏体的晶体结构

奥氏体为面心立方结构。碳、氮等间隙原子均位于奥氏体晶胞八面体间隙的中心,即面心立方晶胞的中心或棱边的中点,如图 2-2a 所示。假如每一个八面体的中心各容纳一个碳原子,则碳的最大溶解度应为 50%(原子分数),相当质量分数约 20%。碳在奥氏体中的最大溶解度为 2.11%(质量分数),这是由于 γ-Fe 的八面体间隙的半径仅为 0.052 nm,比碳原子的半径 0.086 nm 小[3]。碳原子溶入将

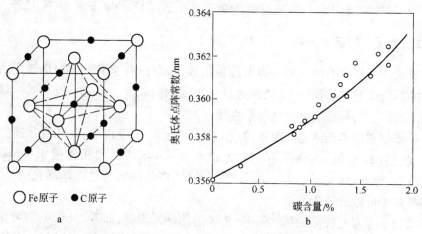

图 2-2　碳原子在晶胞中的可能位置(a)和对晶格常数的影响(b)

使八面体发生较大的膨胀,产生畸变,溶入愈多,畸变愈大,晶格将不稳定,因此不是所有的八面体间隙中心都能溶入一个碳原子,溶解度是有限的。

碳原子溶入奥氏体中,使奥氏体晶格点阵发生均匀对等的膨胀,点阵常数随着碳含量的增加而增大,如图2-2b所示。奥氏体晶格常数的增大对过冷奥氏体的无扩散相变会产生某些影响。

大多数合金元素如 Mn、Cr、Ni、Co、Si 等,在 γ-Fe 中取代铁原子的位置而形成置换固溶体。替换原子在奥氏体中溶解度各不相同,有的可无限溶解,有的溶解度甚微。少数元素,如硼,仅存在于晶体缺陷处,如晶界、位错等处。

2.1.3 奥氏体成分的不均匀性

碳原子在奥氏体中的分布是不均匀的,如用统计理论进行计算的结果表明,在含0.85%C的奥氏体中可能存在大量的比平均碳浓度高八倍的微区,这相当于渗碳体的碳含量[4]。这说明奥氏体中存在富碳区,相对地应当有贫碳区。当奥氏体中含有碳化物形成元素时,如 Cr、W、Nb、V、Ti 等,由于这些合金元素与碳原子具有较强的亲和力,因此这些合金元素周围的碳原子也容易偏聚。

奥氏体中存在晶体缺陷,如晶界、亚晶界、孪晶界、位错、层错等;当存在其他相时,还存在相界面。这些晶体缺陷处,畸变能较高。合金元素和杂质元素与这些缺陷发生交互作用,在缺陷处的溶质原子浓度往往大大超过基体的平均浓度,这种现象称为内吸附。如硼钢中,硼原子易于吸附在奥氏体晶界。碳原子、氮原子常在位错线上吸附称为柯垂尔气团。溶质原子在层错附近偏聚,形成铃木气团。合金元素与位错和层错交互作用而形成偏聚态,是新相形核的有利位置。Mn、Cr、Si 等元素都能降低奥氏体的层错能,从而引起溶质原子的偏聚,并使扩展位错变宽。Nb、V、Ti 等原子也能富集于层错,形成偏聚,这有利于VC等特殊碳化物的形成。

总之,奥氏体中的碳和合金元素分布是不均匀的,均匀是相对的,不均匀是绝对的[5]。材料的均质化是指宏观上的相对均匀。图2-3为

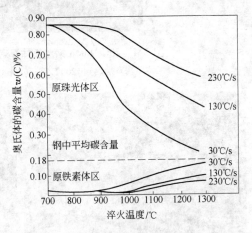

图2-3 加热速度和温度对 $w(C) = 0.18\%$ 钢奥氏体碳含量不均匀的影响[6]

碳含量为0.18%(质量分数,下同)的钢,加热到奥氏体化时,在不同淬火温度和不同加热速度情况下,奥氏体中碳含量不均匀的图解。可见加热到1200~1300℃时,该钢的原珠光体区域和原铁素体区域的碳含量仍然存在很大差别,

碳含量仍然分布不均匀。

2.1.4 奥氏体中的退火孪晶

2.1.4.1 退火孪晶形貌

在珠光体转变为奥氏体的过程中,会形成孪晶。众所周知,在外力作用下以孪生方式可以形成形变孪晶。在高温加热奥氏体化时,没有外加应力,形成的奥氏体中存在孪晶,此属相变孪晶或退火孪晶;这些孪晶的形成机理尚不清楚,研究报道甚少。

图 2-4 为 20CrMnMo 钢真空加热到 1200℃后,以 200℃/min 冷却到 800℃拍摄到的奥氏体晶粒中的退火孪晶,可看到孪晶线(孪晶界)。可见,由于加热温度高,奥氏体晶粒已经长大,晶界平直化,合金碳化物已经全部溶入奥氏体中。图中白亮色的晶界变宽,是热蚀沟。孪晶界受热蚀较小,故孪晶线细。图 2-5 为铬镍不锈钢经过 1000~1150℃固溶处理得到的退火孪晶组织。

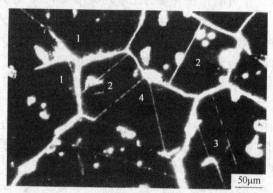

图 2-4　20CrMnMo 钢奥氏体晶粒中的退火孪晶(暗场像)[1]

(真空加热到 1200℃后,以 200℃/min 冷却到 800℃拍摄)

图 2-5　18-8 型奥氏体不锈钢中的退火孪晶[1]

a—0Cr18Ni9;b—1Cr18Ni9Ti

退火孪晶的几种形貌特征为：

（1）在晶界交角处（界隅）的孪晶，有一条孪晶线，如图 2-4 中箭头 1 所示，在其左上方也有一条孪晶线，两条孪晶线构成 60°夹角。

（2）横贯奥氏体晶粒的孪晶，如图中 2 所示。

（3）如图中 3 所示为台阶型孪晶。

（4）不完整的半截式孪晶，如图 2-5 所示。

图 2-5b 中，1Cr18Ni9Ti 钢中含有钛，形成高难溶的 TiC，可阻止孪晶长大，形成较多的"半截子"孪晶，即孪晶片从晶界开始，在晶内终止。

2.1.4.2 退火孪晶的形成

在奥氏体晶粒中观察到的孪晶片，平直的界面是共格孪晶界，平行于 {111} 晶面。孪晶的台阶和终端是非共格的。任何一个奥氏体晶粒，均非完整的晶格，总是存在晶体缺陷，如空位、位错、亚晶和孪晶等。虽然这些缺陷具有缺陷能或畸变能，但在热力学上是稳定的，如一定温度下存在平衡空位浓度。

一般认为，退火孪晶是在奥氏体晶粒长大过程中形成的。一个晶粒具有一定位向，晶粒的各向异性导致在其长大过程中，周围的相邻晶粒受到胁迫，在晶界处产生应力、应变。这种应变可以因高温原子的扩散迁移而松弛。但是在晶粒形成或原子迁移过程中，发生（111）晶面的错排，就会形成孪晶。

另外，铁素体 + 渗碳体逆共析形成奥氏体时，比体积变小，是体积收缩的相变过程，同样产生应变能。如奥氏体晶粒在沿着 <111> 晶向生长过程中，因收缩造成的应变越来越大，为调整应变能，可改变长大方向，沿着另一个 <111> 晶向生长，则形成了具有平直界面的孪晶。

上述过程虽然增加了孪晶界，但由于孪晶界的界面能极低，比亚晶界能量低，孪晶界面能远低于一般位向的大角度晶界的晶界能，可满足形成孪晶的能量条件。由于晶体长大方向的改变缓解了收缩畸变和应变能，这样总能量降低，则孪晶可稳定存在。

2.1.5 奥氏体中的层错

2.1.5.1 奥氏体中层错的形貌

层错也是一定温度下奥氏体中存在的晶体缺陷，但不是普遍现象，只在少数钢中出现。例如，将含氮奥氏体不锈钢试样加热到 1100℃，保温 30 min，水冷进行固溶处理，在透射电镜下观察，发现含氮奥氏体晶粒中存在大量层错，如图 2-6 所示。在高碳高锰钢奥氏体晶粒中也有层错。C、N 原子固溶于奥氏体的间隙中，在奥氏体晶粒形成和长大过程中，使 {111} 面错排，则形成层错。层错是晶体缺陷，但层错能较低，可在一定条件下稳定存在。

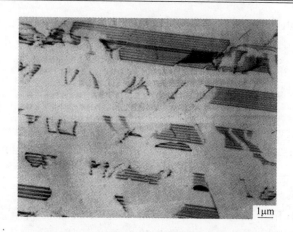

1μm

图 2-6　含氮奥氏体不锈钢中的层错[2]（TEM）

2.1.5.2　奥氏体层错能

层错是在一定温度下奥氏体中存在的晶体缺陷，存在层错能。在纯金属面心立方结构中，可以认为层错能（γ_{SF}）是具有两层 fcc 结构 γ 原子与具有两层 hcp 结构 ε 原子的 Gibbs 自由能差。表示为：

$$\gamma_{SF} = \frac{1}{8.4V^{\frac{2}{3}}}\Delta G^{\gamma \to \varepsilon}$$

式中　V——金属的摩尔体积。

$\Delta G^{\gamma \to \varepsilon}$（300 K）约为（110～130）×4.184 J/mol。

对于面心立方结构的合金，其原子的 Gibbs 自由能差并不严格地等于层错能，这是由于层错区的成分和整体相的成分存在差别，尤其是间隙原子在层错区和基体区内浓度不同。合金元素对奥氏体层错能具有复杂而显著的影响。合金元素 Me 对 γ_{SF}（MJ/m²）的影响归纳在下式中[7]：

$$\gamma_{SF} = \gamma_{SF}^0 + 1.59w(Ni) - 1.34w(Mn) + 0.06w^2(Mn) - 1.75w(Cr) + 0.01w^2(Cr) +$$
$$15.21w(Mo) - 5.59w(Si) - 60.69w^2(C+N) + 26.27w[C + 1.2w(N)] \times$$
$$w^{1/2}(Cr + Mn + Mo) + 0.61w^{1/2}[Ni \times (Cr + Mn)]$$

此式适用于 0～40% Mn，0～25% Cr，0～23% Ni，0～2% Mo，0～4% Si，0～0.45%（C+N），合金元素总量 ΣMe≤45%。从式中可见，层错能与合金元素的种类、含量呈现复杂的非线性关系，这是由于合金元素溶入奥氏体中彼此之间发生相互作用的缘故。

2.1.6　奥氏体的性能

奥氏体是最密排的点阵结构，致密度高，故奥氏体的比体积比钢中铁素体、马氏体等相的比体积都小。因此，钢被加热到奥氏体相区时，体积收缩，冷却时，奥氏体转变为铁素体-珠光体等组织时,体积膨胀,容易引起内应力和变形。

奥氏体的点阵滑移系多,故奥氏体的塑性好,屈服强度低,易于加工塑性成形。钢锭、钢坯、钢材一般被加热到1100℃以上奥氏体化,然后进行锻轧,塑性加工成材或加工成零部件。

一般钢中的奥氏体具有顺磁性,因此奥氏体钢可以作为无磁性钢,然而特殊成分的 Fe-Ni 软磁合金,也具有奥氏体组织,却具有铁磁性。

奥氏体的导热性差,线膨胀系数最大,比铁素体和渗碳体的平均线膨胀系数高约一倍,故奥氏体钢可以用来制造热膨胀灵敏的仪表元件。

在碳素钢中,铁素体、珠光体、马氏体、奥氏体和渗碳体的导热系数分别为77.1、51.9、29.3、14.6 和 4.2 W/(m·K)。除了渗碳体外,奥氏体的导热性最差。由于奥氏体导热性差,尤其是合金度较高的奥氏体钢更差,所以,大尺寸厚钢件在热处理过程中,应当缓慢冷却和加热。如加热时,热透较慢,加热速度应当慢一些,以减少温差热应力,避免开裂。

2.2 奥氏体形成机理

首先以共析钢为例阐述珠光体转变为奥氏体的过程,然后再阐述亚共析钢、过共析钢中奥氏体的形成过程。

共析钢奥氏体冷却到临界点 A_1 以下温度时,存在共析反应:$A \rightarrow F + Fe_3C$。加热时,发生逆共析反应:$F + Fe_3C \rightarrow A$。逆共析转变是高温下进行的扩散性相变,转变的全过程可以分为四个阶段,即:奥氏体形核;奥氏体晶核长大;剩余渗碳体溶解;奥氏体成分相对均匀化。

2.2.1 奥氏体形成的热力学条件

2.2.1.1 相变驱动力

如图 2-7 所示,珠光体向奥氏体转变的驱动力为其自由焓差 ΔG_V。奥氏体和珠光体的自由焓均随温度的升高而降低,由于两条曲线斜率不同,因此必有一交点,该点即为 Fe-C 平衡图上的共析温度 727℃,即临界点 A_1。当温度低于 A_1 时,发生 $A \rightarrow F + Fe_3C$ 的共析分解反应;当温度高于 A_1 时,奥氏体的自由焓低于珠光体的自由焓,珠光体将逆共析转变为奥氏体。这些相变均必须远离平衡态,即必须存在过冷度或过热度 ΔT。

2.2.1.2 加热和冷却时的临界点

转变必须远离平衡态,实际加热和冷却时的相变开始点不在 A_1 温度,转变存在滞后现象,即转变开始点随着加热速度的加快而升高。习惯上将在一定加热速度下(0.125℃/min)实际测定的临界点用 Ac_1 表示,冷却时的临界点用 Ar_1 表示,如图 2-7 所示。

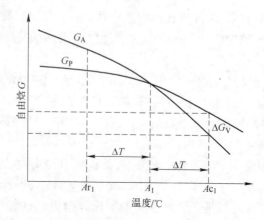

图 2-7　珠光体、奥氏体的自由焓与温度的关系

临界点 A_3 和 A_{cm} 也附加脚标 c、r，即：Ac_3、Ar_3、Ac_{cm}、Ar_{cm}。

2.2.2　奥氏体的形核

　　观察表明，奥氏体的形核位置通常在铁素体和渗碳体两相界面上，此外，珠光体领域的边界，铁素体嵌镶块边界都可以成为奥氏体的形核地点。奥氏体的形成是不均匀形核，符合固态相变的一般规律。

　　一般认为奥氏体在铁素体和渗碳体交界面上形核。这是由于铁素体碳含量极低（0.02% 以下），而渗碳体的碳含量又很高（6.67%），奥氏体的碳含量介于两者之间。在相界面上碳原子有吸附，含量较高，界面扩散速度又较快，容易形成较大的浓度涨落，使界面某一微区达到形成奥氏体晶核所需的碳含量；此外在界面上能量也较高，容易造成能量涨落，以便满足形核功的需求；在两相界面处原子排列不规则，容易满足结构涨落的要求。所有这三个涨落在相界面处的优势，造成奥氏体晶核最容易在此处形成。

　　图 2-8a、b 为 T8 钢加热时，奥氏体在相界面上形成的扫描电镜照片；图 2-8c 所示为奥氏体晶核在铁素体和渗碳体的界面上形成，是 Fe-2.6% Cr-0.96% C 合金加热到 800℃，保温 20 s，奥氏体形核的透射电镜照片[8]，可见奥氏体晶核在渗碳体和铁素体相界面上形成；图 2-8d 表明加热到 845℃时，奥氏体在粒状渗碳体和铁素体交界面处形成，图中箭头所指为在粒状渗碳体周边形成了奥氏体，基体为铁素体。

　　奥氏体晶核也可以在原粗大的奥氏体晶界上（原始奥氏体晶界）形核并且长大，由于这样的晶界处富集了较多的碳原子和其他元素，给奥氏体形核提供了有利条件。图 2-9 所示为奥氏体在原始奥氏体晶界上形核，并形成许多细小的奥氏体晶粒。

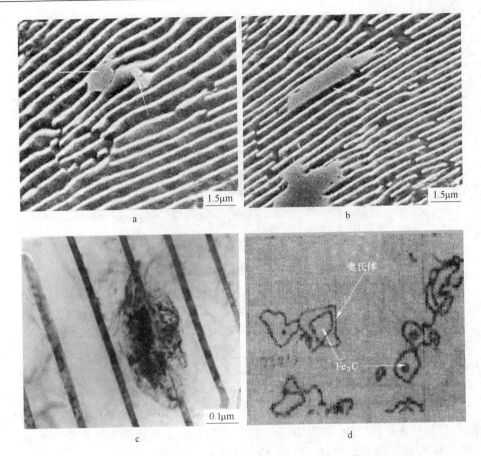

图 2-8 奥氏体的形核地点

a,b—奥氏体在相界面上形成(SEM);c—奥氏体晶核在铁素体和渗碳体的界面上形核(TEM);

d—奥氏体在渗碳体周边形核(OM)

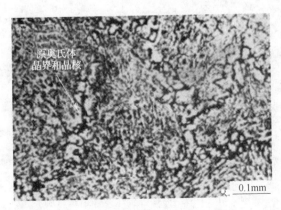

图 2-9 奥氏体晶核在原奥氏体晶界上形核

最近的观察表明,奥氏体也可在珠光体领域的边界上形核,如图 2-10 所示,图中的符号 M_2、M_1 表示奥氏体在冷却时转变为马氏体组织。

图 2-10　奥氏体在珠光体领域的边界上形核[8]（TEM）

总之,奥氏体的形核是扩散型相变,可在渗碳体与铁素体相界面上形核,也可以在珠光体领域的交界面上形核,还可以在原奥氏体晶界上形核。这些界面易于满足形核的能量、结构和浓度三个涨落条件。

原始组织为粒状珠光体时,加热时奥氏体在渗碳体颗粒与铁素体相界面上形核。如将 Fe-1.4% C 合金加热到 850℃,保温 1 h,以 15℃/h 冷却到 600℃,然后炉冷,得到粒状珠光体组织,如图 2-11a 所示,可见组织为铁素体基体上分布着大量的渗碳体颗粒。将其加热到 770℃,等温 150 s 后,立即在冰盐水激冷,抛光侵蚀后,在扫描电镜下观察,发现在渗碳体与铁素体的相界面上形成奥氏体,奥氏体在激冷过程中,由于其稳定性差,未能避开珠光体转变的"鼻温",而转变为极细的片

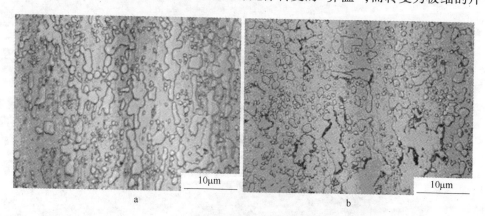

图 2-11　Fe-1.4% C 合金珠光体组织（OM）

a—粒状珠光体；b—片状珠光体

状珠光体组织,在一万多倍的电镜下,观察到片层状结构,为托氏体组织,如图 2-11b 所示,图中在碳化物颗粒与铁素体的相界面上形成奥氏体(沿着相界面分布的黑色区域即为托氏体)。在扫描电镜下观察这些黑色区域为片状的托氏体组织,托氏体即是极细的片状珠光体,如图 2-12 所示。

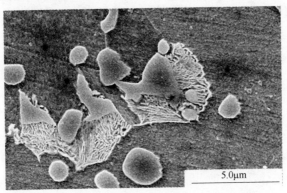

图 2-12　奥氏体在粒状珠光体相界面上形核,冷却时转变为托氏体(SEM)

奥氏体的形成是扩散性相变,一般认为是体扩散。应当看到奥氏体的形成温度范围较宽,在 A_1(727℃)附近到 1400℃ 的广泛的温度区间内,这里有体扩散,也有界面扩散。对于在较低温度形成的奥氏体,如上述 770℃ 发生的奥氏体形核长大,应当是以界面扩散为主[5]。如图 2-13 所示,奥氏体沿着相界面形核长大,几乎

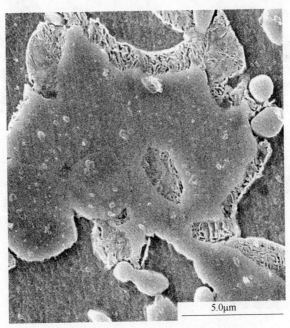

图 2-13　原奥氏体在相界面形核并且沿着相界面长大(SEM)

包围了渗碳体颗粒,这表明相界面处容易形核,易于沿着相界面长大,也说明原子沿着相界面扩散较快,是界面扩散占主导地位,同时也有体扩散。图 2-11b 中沿着铁素体/渗碳体相界面形成的奥氏体,在冷却过程中转变为极细片状珠光体组织(片间距约 100 nm)。

新形成的奥氏体晶核与母相之间存在位向关系,Law 认为,在铁素体与铁素体边界上形成的奥氏体与其一侧的铁素体保持 K-S 关系,而与另一侧的铁素体没有位向关系[9],即:

$$\{111\}_A // \{011\}_\alpha$$
$$<110>_A // <111>_\alpha$$

2.2.3　奥氏体晶核的长大

加热到奥氏体相区,在高温下,碳原子扩散速度很快,铁原子和替换原子均能够充分扩散,既能够进行界面扩散,也能够体扩散,因此奥氏体的形成是扩散型相变。

2.2.3.1　奥氏体晶核长大

奥氏体形核后,在珠光体内部以扩散方式长大。图 2-14 表示了奥氏体晶核长

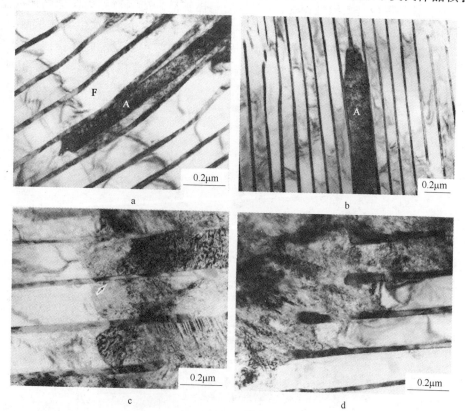

图 2-14　在 800℃加热不同的时间,奥氏体在片状珠光体内形成并长大(TEM)

大的不同情况[8]。图 2-14a 是 800℃加热 8s,奥氏体晶核在两片渗碳体之间形成并且长大的例子,可见奥氏体晶核只是在铁素体片中长大,没有吞噬渗碳体;图 2-14b 是加热 20 s,一片铁素体和一片渗碳体同时形成奥氏体晶核,然后一起吞噬铁素体片和渗碳体片而长大的情形;图 2-14c、d 是加热 10 s、20 s,奥氏体形核及长大的情景,是奥氏体晶核吞噬众多铁素体和渗碳体片的例子。奥氏体同时吃掉铁素体片和渗碳体片,测定长大速率为 0.65 ~ 1.375 μm/s。

将完全退火的共析钢 T8,组织为片状珠光体,加热到 880℃,保温 5 s 后水淬,奥氏体在珠光体中形核并且长大的情景如图 2-15 所示,可见,奥氏体晶核大面积吞噬珠光体的情景。

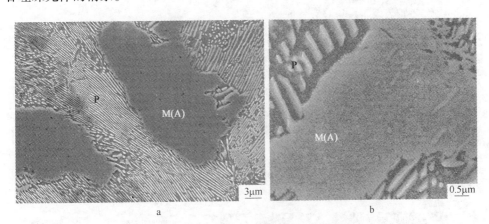

图 2-15 T8 钢加热时奥氏体形核长大(SEM)

原始组织为粒状珠光体时,奥氏体晶核在铁素体和渗碳体颗粒的相界面上形成,然后同时向铁素体和渗碳体中长大,如图 2-16 所示为过共析钢 T10 的粒状珠光体加热到 745℃,奥氏体形核长大的情景。

图 2-17 为 T10 钢原始组织为粒状珠光体,加热时珠光体转变为奥氏体的照片。若加热到 720℃后淬火,由于没有达到临界点温度,没有发生重结晶,冷却后仍然得到粒状珠光体组织,硬度也没有改变(HRC3)。但当加热到 725℃,则有奥氏体形成,图 2-17b 中的白亮块处原为奥氏体,淬火后转变为马氏体(M),硬度升高为 HRC40,未转变的部分仍然为粒状珠光体。从图 2-17b 可见,奥氏体晶核在长大时,铁素体连同渗碳体颗粒一起被奥氏体吞噬了。

2.2.3.2 奥氏体晶核的长大机理

当在铁素体和渗碳体交界面上形成奥氏体晶核时,形成了 γ-α 和 γ-Fe_3C 两个新的相界面。那么,奥氏体晶核的长大过程实际上是两个相界面向原有的铁素体和渗碳体中推移的过程。若奥氏体在 Ac_1 以上某一温度 T_1 形成,与渗碳体和铁素体相接触的相界面为平直的,如图 2-18b 所示,则相界面处各相的碳浓度可以由

Fe-Fe₃C 相图确定,如图 2-18a 所示。

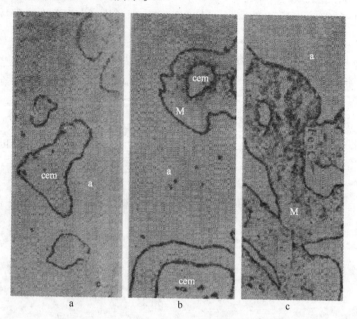

图 2-16　过共析钢 T10 的粒状珠光体组织中奥氏体形核长大[10]

a—原始组织,粒状珠光体;b—保温 5 s;c—保温 15 s

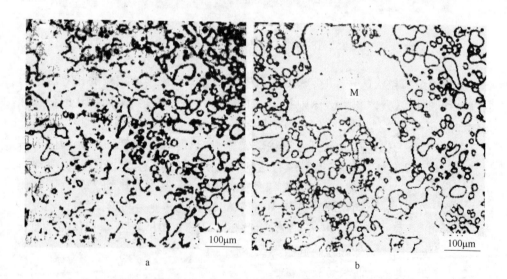

图 2-17　T10 钢粒状珠光体的加热转变[1]

a—720℃淬火;b—725℃淬火

由图可见,在奥氏体晶核内部,碳原子分布是不均匀的。与铁素体交界面处奥氏体的碳含量标记为 $C_{\gamma-\alpha}$,而与渗碳体交界面处的奥氏体的碳含量标记为

$C_{\gamma-cem}$,显然,$C_{\gamma-cem} > C_{\gamma-\alpha}$,故在奥氏体中形成了浓度梯度,碳原子将以下坡扩散的方式向铁素体一侧扩散。一旦发生碳原子的扩散,则破坏了界面处的碳浓度平衡。为了恢复平衡,奥氏体向铁素体方向长大,低碳的铁素体转变为奥氏体则消耗一部分碳原子,使之重新降为 $C_{\gamma-\alpha}$;而碳含量很高的渗碳体将溶解,使之界面处的奥氏体增为 $C_{\gamma-cem}$,这时奥氏体分别向铁素体和渗碳体两个方向推移,不断长大。这一长大过程是按照体扩散来描述的,是扩散控制过程。实际上也有界面扩散发生。

此外,在铁素体中也存在碳原子的扩散,如图 2-18b 所示。这种扩散也有促进奥氏体长大的作用,但由于铁素体中的碳浓度梯度较小,故作用不大。

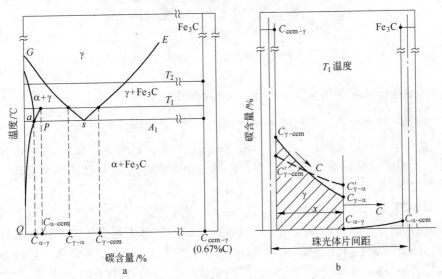

图 2-18 奥氏体晶核在珠光体中长大示意图

a—奥氏体在 T_1 温度形核时各相的碳浓度;b—晶核的相界面推移示意图

一般情况下,由平衡组织加热转变得到的奥氏体晶粒,均长大成等轴的颗粒状,这种形状的晶粒是通过非共格晶界的推移而长成的。

由上述可见,奥氏体的长大是相界面推移的结果,即奥氏体不断向渗碳体推移,使得渗碳体不断溶解;奥氏体向铁素体推移,使得铁素体不断转变为奥氏体。对于共析成分的珠光体向奥氏体的平衡转变,应当是逆共析反应,即 F + Fe₃C→A,也就是说,奥氏体同时吞噬掉渗碳体和铁素体。但是在非平衡转变时,渗碳体片的溶解会滞后一些。图 2-19 所示为 T8 钢的珠光体中,加热到 880℃,奥氏体晶核长大时,铁素体片消失得快一些,渗碳体片的溶解滞后一些。

在珠光体转变为奥氏体的过程中,会形成孪晶。众所周知,在外力作用下以孪生方式可以形成形变孪晶。在高温加热奥氏体化时,没有外加应力,形成的奥氏体中存在孪晶,此属相变孪晶。

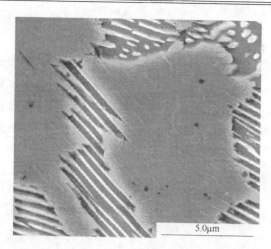

图 2-19　T8 钢,奥氏体在珠光体中长大时渗碳体片的溶解滞后现象(SEM)

2.2.4　渗碳体的溶解和奥氏体成分的相对均匀化

事实上,铁素体和渗碳体并不是同时消失,铁素体往往先溶解完,而剩下渗碳体,剩余渗碳体继续溶解,因此,在原来渗碳体存在的微区碳含量较高,而原来是铁素体的区域碳含量较低。显然,当渗碳体刚刚全部溶解完,铁素体刚刚全部转变为奥氏体之际,奥氏体中的碳分布是不均匀的。

图 2-20 为 T8 钢,加热到 880℃,保温 5 s,形成的奥氏体在淬火时,转变为马氏体,可见其中存在大量未溶解完毕的渗碳体片,显然,其中包含的渗碳体片已经变薄,而奥氏体周围未转变的珠光体中,渗碳体片较厚。这些残留渗碳体在继续加热保温过程中,将继续溶解。当其刚刚溶解结束时,在原渗碳体存在的区域,碳含量必然较高。奥氏体化的下一个过程是均匀化阶段。

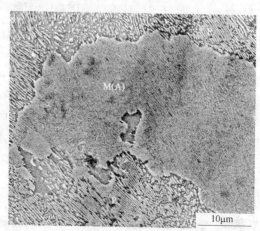

图 2-20　T8 钢,已形成的奥氏体中存在大量残留渗碳体片(SEM)

综上所述,奥氏体的形成可以分为四个阶段:(1)形核;(2)晶核向铁素体和渗碳体两个方向长大;(3)剩余碳化物溶解;(4)奥氏体成分的相对均匀化。

2.2.5 针形奥氏体和球形奥氏体的形成

淬火组织或回火不充分的组织,如马氏体、贝氏体、回火马氏体等,在加热时,常可在奥氏体转变初期获得针形奥氏体和球形奥氏体,其形成与钢的成分、原始组织和加热条件等因素有关。

试验证明,低、中碳合金钢以马氏体为原始组织在 $Ac_1 \sim Ac_3$ 之间低温区加热时,在马氏体板条之间形成针形奥氏体,而在原始奥氏体晶界、马氏体群边界和夹杂物边界上形成球形奥氏体。通常钢中含有推迟铁素体再结晶的合金元素时,在一定加热条件下,容易产生针形奥氏体。针形奥氏体常常在板条状马氏体边界上形成[4,10],同时,还会在原奥氏体晶界、马氏体板条群之间产生球形奥氏体,图2-21所示为原始组织为回火马氏体在 $Ac_1 \sim Ac_3$ 之间加热时,形成的针形奥氏体和球形奥氏体。钢的成分为 0.123%C-3.5%Ni-0.35%Mo。

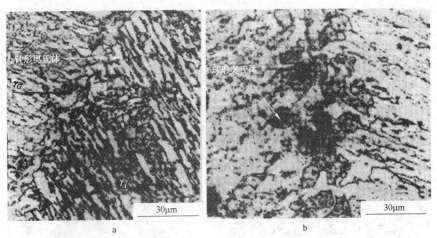

图 2-21 针形奥氏体和球形奥氏体(720℃加热保温 10 h,加热速度 100℃/s)

针形奥氏体形成的先决条件是原始组织中的马氏体板条未发生再结晶,也即仍然保持着板条状马氏体的原有形貌,虽然马氏体中已经析出渗碳体,但是铁素体基体没有再结晶。针形奥氏体与基体 α 保持 K-S 关系。

试验证明,在原始奥氏体晶界、马氏体群边界,夹杂物界面上形成细小的球形奥氏体,同时伴随着渗碳体的溶解。球形奥氏体也是在铁素体和渗碳体的两相界面上形核,再通过碳的扩散逐渐向铁素体和碳化物中长大。

当加热到 Ac_3 以上时,在奥氏体形成以前,基体 α′板条已经再结晶,α′板条之间的晶体学位向关系不复存在,加之加热过程中析出的碳化物均匀细小,形成大量的铁素体和渗碳体界面,成为奥氏体形核的有利位置,这样,奥氏体失去了优先在板条界面形核长大的条件。不再形成针形奥氏体,而是在铁素体/渗碳体界面上形成球形奥氏体。

对于非平衡组织,加热转变不仅与加热前的组织状态有关,而且与加热过程有关。因为非平衡组织在加热过程中,要发生从非平衡到平衡或准平衡组织状态的转变,而转变的程度又与钢件的化学成分以及加热速度等有关。这使非平衡态的加热转变过程变得复杂。

与平衡态组织相比,非平衡态组织具有以下不同的状态:

(1) 非平衡态组织中可能尚存在残留奥氏体;

(2) 非平衡态组织的 α 相的成分和状态,如碳、合金元素的含量及分布,α 相的缺陷种类和密度等;

(3) 非平衡态组织中的碳化物类型、形态、大小、数量及分布等。

此外,加热速度是一个极为重要的影响因素。

2.2.6　亚共析钢的奥氏体化

亚共析钢的退火组织是先共析铁素体 + 珠光体的整合组织。当缓慢加热到 Ac_1 温度时,珠光体首先向奥氏体转变,而其中的先共析铁素体相暂时保持不变。奥氏体晶核在相界面处形成,奥氏体晶核长大吞噬珠光体,直至珠光体完全消失,成为奥氏体 + 先共析铁素体的两相组织。随着加热温度的升高,奥氏体向铁素体扩展,也即先共析铁素体溶入奥氏体中,最后全部变成细小的奥氏体晶粒。

2.2.6.1　加热 25 钢时,奥氏体的形成

25 钢为优质碳素结构钢,退火后的组织由先共析铁素体和珠光体组成,如图 2-22 所示。将此原始组织加热到 700 ~ 850℃不同温度,然后淬火于盐水中,得到的组织和硬度变化如图 2-23、图 2-24 所示。从图 2-23 可见,在 Ac_1 加热淬火,硬度没有

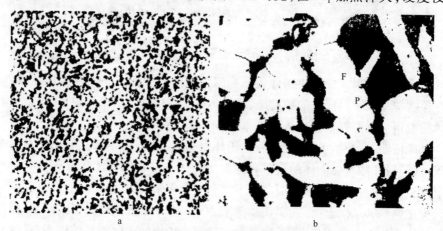

a　　　　　　　　　　　　　　b

图 2-22　25 钢的退火组织[1]

a— ×100;b— ×1000

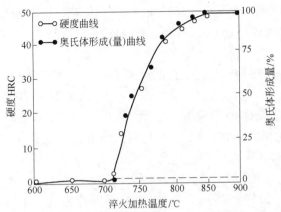

图 2-23 25 钢淬火加热温度与硬度、奥氏体形成量的关系[1]

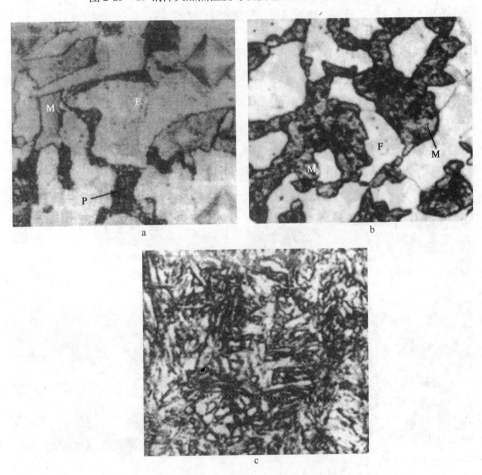

图 2-24 25 钢不同温度淬火后的组织[1]

a—718℃，HRC6，×1000；b—730℃，HRC22，×1000；c—830℃，HRC49，×1000

变化,超过 Ac_1,硬度不断升高,这是由于奥氏体转变量不断增加,淬火后马氏体量不断增加的缘故。还可以看出,奥氏体在界面形核,吞噬片状珠光体的情形。

从图 2-24 可见,在 718℃ 淬火时,铁素体没有变化,在珠光体组织中仅有一小部分转变为奥氏体(淬火后变成马氏体,浅灰色),如图 2-24a 中表示的。当加热到 730℃,奥氏体在珠光体中形成并且长大,淬火后,马氏体量增加,硬度升高,如图 2-24b 所示。在 830℃ 加热,奥氏体化过程已经完成,淬火后,得到单一的马氏体组织,如图 2-24c 所示。

2.2.6.2　加热 40 钢时,奥氏体的形成

将 40 钢小片试样加热到 700~900℃ 不同温度,淬火,测定硬度,观察金相组织。淬火温度低于临界点时,硬度和组织形貌没有变化。当淬火温度超过 720℃ 时,硬度升高,原来是珠光体的区域有一部分转变为奥氏体,淬火后转变为马氏体组织,呈浅灰色,如图 2-25a 所示。加热到 730℃ 时,大部分珠光体转变为奥氏体,但尚存在少量珠光体,其片状形貌已经向颗粒状转化。加热到 740℃,铁素体溶解一部分(图 2-25c),到 750℃,铁素体已经剩余不多了(图 2-25d)。

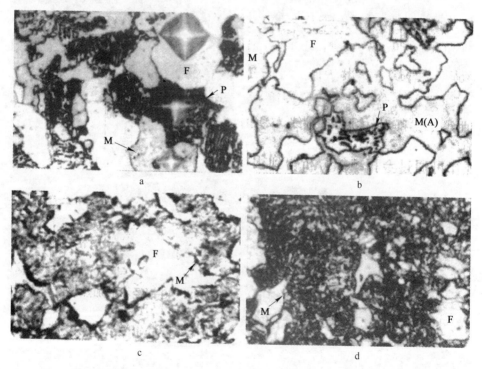

图 2-25　加热 40 钢到不同温度后淬火得到的组织 (×1000,OM)
a—720℃,HRC12;b—730℃,HRC40;c—740℃,HRC45;d—750℃,HRC53

2.2.7 过共析钢奥氏体的形成

过共析钢的平衡组织由渗碳体 + 珠光体组成,这类钢的平衡组织可为片状珠光体和粒状珠光体。以 T12 钢为例,选择其原始组织为片状珠光体 + 网状渗碳体(二次 Fe_3C),将其进行不同温度(720 ~ 1000℃)的淬火,观察得到的组织。图 2-26 为 T12 钢加热到不同温度后淬火得到的组织照片。图 2-26a 为加热到720℃后淬火得到的组织,可见仍然为片状珠光体 + 网状渗碳体(二次 Fe_3C),没有变化,但是局部发生了渗碳体的球化。图 2-26b 是 725℃淬火得到的组织,其中白色大块状为奥氏体,冷却后淬火为马氏体组织,见图中 M(A),其余为珠光体组织。当淬火温度升高到728℃时,奥氏体形成量大有增加,而珠光体仍然占25%,如图 2-26c 所示,大部分珠光体已经转变为奥氏体,但还存在没有溶解完的碳化物,淬火后以颗粒状存在于灰白色的马氏体组织中。淬火温度升高到750℃时,则得到细小的马氏体组织 + 未溶碳化物(网状),即晶界处的网状二次渗碳体尚未溶解(图 2-26d),需要升高温度,达到 A_{cm} 以上,网状碳化物才能全部溶入奥氏体中。

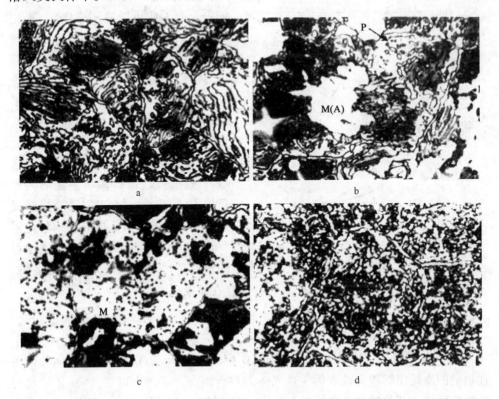

图 2-26 T12 钢加热到不同温度后淬火得到的组织[1](×1000,OM)

a—720℃;b—725℃;c—728℃;d—750℃

2.3　奥氏体等温形成动力学

相变动力学是研究转变速度问题的。钢的成分、原始组织、加热温度等均影响转变速度,为了使问题简化,首先讨论当温度恒定时奥氏体形成的动力学问题。

奥氏体等温形成动力学曲线是在一定温度下奥氏体形成量与等温时间的关系曲线。用温度-时间-奥氏体转变量的曲线形式来表示,有时也称奥氏体化曲线,简称 TTA 图,以区别奥氏体转变 TTT 图。

奥氏体化是钢加热时的基本转变过程,对于钢的冷却转变具有重要的影响。现代工业生产中,出现快速加热和超快速加热,例如,焊接、高频感应表面淬火等。快速加热情况下的奥氏体化,越来越引起人们的重视。奥氏体化曲线(TTA 图)则是研究不同加热速度下,奥氏体的形成与温度、时间的关系。

2.3.1　共析碳素钢奥氏体等温形成动力学

当奥氏体形成时,体积收缩,转变量愈大,体积收缩愈大,奥氏体转变终了,收缩停止。因此可以应用膨胀法,采用相变测量仪可以测得等温温度下的转变膨胀曲线。再配合金相法,能够画出等温形成图。

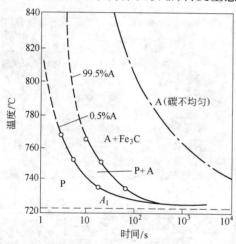

图 2-27　共析钢奥氏体等温形成 TTA 图

图 2-27 为共析钢奥氏体等温形成图全貌。从图中可见,共析碳钢中,奥氏体刚刚形成,铁素体刚刚消失之际,还存在剩余碳化物,即 $A + Fe_3C$ 区域。继续等温,渗碳体将不断溶入奥氏体中,碳化物溶解完毕后,奥氏体成分是不均匀的。奥氏体成分均匀化需要较长时间,严格说来均匀化是相对的,不均匀是绝对的,尤其的合金钢,合金元素在奥氏体中往往是不均匀的,甚至存在偏聚现象。

2.3.2　亚共析碳素钢的等温 TTA 图

图 2-28、图 2-29 分别为 0.1%C 钢和 0.6%C 钢的等温 TTA 图[11],这两种钢在加热前的原始组织均为铁素体 + 珠光体的整合组织。从图中可见,转变开始线与共析钢的转变开始线的变化基本上一致。至于转变终了线,在 Ac_3 温度以上,也是随着过热度的增加,终了线移向时间短的一侧,这和共析钢的转变终了线变化趋势

一致。但在 $Ac_1 \sim Ac_3$ 温度之间,转变终了线并不是随着过热度的增加而单调地移向时间短的一侧,而是以曲线形式向相反的方向延伸,呈现复杂的非线性关系,其原因尚不够清楚,可能是在 $Ac_1 \sim Ac_3$ 奥氏体形成时,存在铁素体相,铁素体较快溶入奥氏体的缘故。因而,奥氏体形成终了曲线向左移。

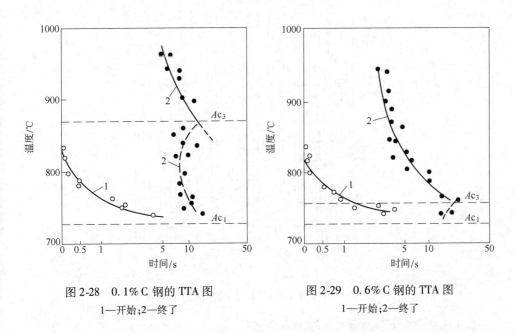

图 2-28 0.1%C 钢的 TTA 图
1—开始;2—终了

图 2-29 0.6%C 钢的 TTA 图
1—开始;2—终了

过共析碳素钢的等温 TTA 图,与共析碳钢的等温 TTA 图基本相似。不过,过共析钢中的碳化物溶解所需的时间较长。

2.3.3 连续加热时奥氏体的形成

2.3.3.1 连续加热时的 TTA 图

连续加热时奥氏体形成的 TTA 曲线更加符合大多数热处理加热过程的实际情况。图 2-30 为钢($w(C)=0.7\%$)连续加热的 TTA 图[11]。原始组织为铁素体 + 珠光体的整合组织。加热温度超过 Ac_1 时,珠光体(P)向奥氏体转变,铁素体(F)不断溶入奥氏体中,温度高于 Ac_{1f} 时,渗碳体溶解完毕,得到不均匀的奥氏体。通过升高温度或延长时间,也难以获得均匀的奥氏体组织。

图中的转变开始线 Ac_1、Ac_3,终了线 Ac_{1f},均随着加热速度的提高,而使转变温度升高。不过,对于大多数钢种来说,当超过一定加热速度后,转变开始线 Ac_1、Ac_3 就不再向温度升高的方向推进,而使开始线保持平坦。由于均匀奥氏体和不均匀奥氏体没有严格的界线,图中将其加上了引号,并且用虚线隔开。实际上,不存在绝对均匀的奥氏体。

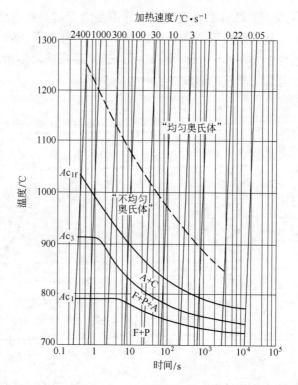

图 2-30　钢($w(C) = 0.7\%$)连续加热的 TTA 图

2.3.3.2　连续加热时奥氏体形成特点

实际生产中,绝大多数情况下奥氏体是在连续加热过程中形成的,即在奥氏体形成过程中,温度还在不断升高。珠光体转变为奥氏体将吸收相变潜热,奥氏体升温过程中也不断吸收热量。只有供给的热量大于转变消耗的热量,供给的热量除了用于转变还有剩余时,多余的热量将使工件继续升温。奥氏体连续加热时的转变也是形核、晶核长大的过程,也需要碳化物的溶解和奥氏体的均匀化。但与等温转变相比,尚有如下特征。

A　相变是在一个温度范围内完成的

钢在连续加热时,奥氏体在一个温度范围内完成。加热速度愈大,各阶段转变温度范围均向高温推移、扩大。图 2-31 为钢($w(C) = 0.7\%$)连续加热时的奥氏体化曲线。表明在不同加热速度下,奥氏体的形成、转变温度、时间三者之间的关系。可见,加热速度越大,奥氏体形成温度越宽,形成速度越快,形成时间越短。由于奥氏体的形成是扩散性相变,加热速度大时,奥氏体的形成来不及在较低温度下充分进行,而转向在高温形成,转变终了温度移向高温,因而奥氏体在一个温度范围内完成。加热速度愈快,转变温度愈高,扩散速度加快,转变速度愈快,奥氏体形成的时间缩短。

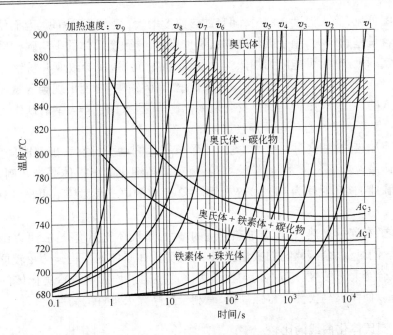

图 2-31 钢($w(C)=0.7\%$)连续加热时的奥氏体化曲线[11]

B 奥氏体成分不均匀性随加热速度增大而增大

在快速加热情况下,碳化物来不及充分溶解,碳和合金元素的原子来不及充分扩散,因而造成奥氏体中碳、合金元素浓度分布很不均匀。图 2-32 示出加热速度和淬火温度对钢($w(C)=0.4\%$)奥氏体内高碳区最高碳含量的影响[6]。

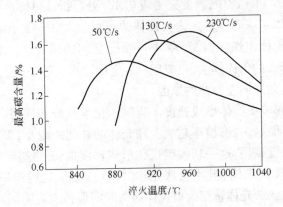

图 2-32 加热速度和淬火温度对钢($w(C)=0.4\%$)奥氏体中高碳区
最高碳含量的影响

由图可见,加热速度从 50℃/s 到 230℃/s,奥氏体中存在高达 1.4%~1.7% C 的富碳区,相对地必然存在低于平均碳含量的贫碳区,这对奥氏体的冷却转变将产生重要影响,具有一定理论意义和实际价值。

由图可见,淬火温度一定时,随着加热速度增大,相变时间缩短,因而使奥氏体中的碳含量差别增大,剩余碳化物的数量也增多,导致奥氏体的平均碳含量降低。

在实际生产中,可能因为加热速度快,保温时间短,而导致亚共析钢淬火后得到碳含量低于平均成分的马氏体。在共析钢、高碳钢中,可能出现碳含量低于共析成分的低碳马氏体、中碳马氏体及剩余碳化物等,这有助于淬火钢的韧化。

C　奥氏体起始晶粒随着加热速度增大而细化

快速加热时,相变过热度大,奥氏体形核率急剧增大,同时,加热时间又短,因而奥氏体晶粒来不及长大,晶粒较细,甚至获得超细化的奥氏体晶粒。例如,采用超高频脉冲加热(时间为 10^{-8} s)淬火后,在 2 万倍的电子显微镜下也难以分辨奥氏体晶粒大小。

总之,在连续加热时,随着加热速度的增大,奥氏体化温度升高,可以细化奥氏体晶粒。同时,剩余碳化物的数量会增多,故奥氏体基体的平均碳含量较低。奥氏体中碳、合金元素浓度分布不均匀性增大。这些因素均影响过冷奥氏体的冷却转变,也可以使淬火马氏体获得强韧化,有利于提高淬火零件的韧性。

2.3.4　奥氏体化曲线的比较

一般来说,碳含量越高,碳化物数量越多,铁素体与碳化物的相界面面积越大,因此,奥氏体形成速度越快。此外,碳含量越高,碳原子和铁原子的扩散系数越大,因此加速了奥氏体形成。但是在过共析钢中,碳含量增加,使剩余碳化物量增多,溶解时间延长。

在亚共析钢的 TTA 图中,转变完了线在 Ac_3 处弯折,这是由于亚共析钢的奥氏体化过程是铁素体 + 珠光体转变为奥氏体的过程。在 Ac_3 以上温度区,可以百分之百地转变为奥氏体组织。但是,在 $Ac_1 \sim Ac_3$ 之间的两相区,则转变为 F + A 两相,这个过程中形成的奥氏体量,可应用杠杆定律计算。越是低于 Ac_3 ,得到的奥氏体量越少,这就是曲线向左弯曲的原因。

原始组织也影响奥氏体形成速度。当钢的化学成分相同时,原始组织中的碳化物越细小,相界面越多,形核率越大。珠光体的片间距越小,奥氏体中的碳浓度梯度越大,扩散速度越快,这一切使奥氏体形成速度加快。这样,将化学成分相同的钢处理为细片状珠光体、粗片状珠光体、粒状珠光体三种组织形貌,分别测得TTA 图,发现以粒状珠光体转变为奥氏体所需时间最长。表明细片状珠光体,即索氏体、托氏体相界面面积较大,奥氏体的形核率高,转变速度快;而粒状珠光体转变为奥氏体最慢,这也是粒状珠光体在加热奥氏体化时,不容易过热的原因。

2.3.5　奥氏体的形核率和长大速度

奥氏体的形成速度取决于形核率 I 和长大速度 G。而在等温条件下,I 和 G 均为常数,如表 2-1 所示。

表 2-1 奥氏体的形核率 I 和线生长速度 G 与温度的关系

转变温度/℃	形核率 I/个·$(mm^3 \cdot s)^{-1}$	线生长速度 G/mm·s^{-1}	转变一半所需的时间/s
740	2280	0.0005	100
760	11000	0.010	9
780	51500	0.026	3
800	61600	0.041	1

2.3.5.1 形核率

在均匀形核条件下形核率与温度之间的关系可用下式表示:

$$I = C' e^{-\frac{Q}{kT}} \cdot e^{-\frac{W}{kT}} \tag{2-1}$$

式中　C'——常数;

　　　Q——扩散激活能;

　　　k——波耳兹曼常数;

　　　T——绝对温度;

　　　W——形核功。

由式(2-1)可见,当奥氏体形成温度升高时,形核率 I 将以指数函数关系迅速增大,如表 2-1 所示。引起形核率急剧增加的原因是多方面的:

(1)奥氏体形成温度升高时,相变驱动力增大使形核功 W 减小,因而奥氏体形核率增大;

(2)奥氏体化温度升高,元素扩散系数增大,扩散速度加快,因而促进奥氏体形核;

(3)由图 2-18 可见,随着相变温度升高,相界面碳浓度差减小,即 $C_{\gamma-\alpha}$ 与 $C_{\alpha-\gamma}$ 之差减小,奥氏体形核所需的碳浓度起伏减小,有利于提高奥氏体形核率。

2.3.5.2 长大线速度

奥氏体晶核位于铁素体和渗碳体之间时,受碳原子扩散控制,奥氏体两侧界面分别向铁素体和渗碳体推移。奥氏体长大线速度包括向两侧推移的速度。推移速度主要取决于碳原子在奥氏体中的扩散速度。

奥氏休晶核与铁素体和渗碳体两相形成了两个新的相界面,即 γ/α 及 γ/Fe_3C 的相界面。奥氏体晶核长大速度是相界面向铁素体和渗碳体推移速度的总和。奥氏体界面向铁素体推移速度为:

$$v_{\gamma-\alpha} = -K \frac{D_C^{\alpha} \dfrac{dC_1}{dx_1} + D_C^{\gamma} \dfrac{dC_2}{dx_2}}{C_{\gamma}^{\gamma-\alpha} - C_{\alpha}^{\gamma-\alpha}} \tag{2-2}$$

式中　　　　K——比例常数;

D_C^α, D_C^γ——碳在铁素体和奥氏体中的扩散系数;

$\dfrac{dC_1}{dx_1}, \dfrac{dC_2}{dx_2}$——铁素体和奥氏体界面处,碳在铁素体、奥氏体中的浓度梯度;

$C_\gamma^{\gamma-\alpha} - C_\alpha^{\gamma-\alpha}$——奥氏体与铁素体相界面间的浓度差。

式中的负号表示下坡扩散。

由于铁素体中碳的浓度梯度很小,故视为$\dfrac{dC_1}{dx_1}=0$,则式(2-2)简化为:

$$v_{\gamma-\alpha} = -K\frac{D_C^\gamma \dfrac{dC}{dx}}{C_\gamma^{\gamma-\alpha} - C_\alpha^{\gamma-\alpha}} \tag{2-3}$$

由于渗碳体中的浓度梯度等于零,则奥氏体向渗碳体推移速度为:

$$v_{\gamma-cem} = -K\frac{D_C^\gamma \dfrac{dC}{dx}}{6.67 - C_\gamma^{\gamma-Fe_3C}} \tag{2-4}$$

式中　$C_\gamma^{\gamma-Fe_3C}$——渗碳体与奥氏体相界面间的浓度差;

$\dfrac{dC}{dx}$——碳在奥氏体中的浓度梯度。

奥氏体向珠光体的总的推移速度应为$V = V_{\gamma-\alpha} + V_{\gamma-cem}$,即一边向铁素体推进,另一边向渗碳体推进,但两个方向的推移速度相差很大。$V_{\gamma-\alpha}/V_{\gamma-cem}$为界面向铁素体推移与向渗碳体推移速度之比。对照 Fe-C 相图,可以查出 780℃ 时的平衡碳浓度,代入计算,大致可得:

$$V_{\gamma-\alpha}/V_{\gamma-cem} \approx 14$$

此表明,在该等温温度下,奥氏体相界面向铁素体的推移速度比向渗碳体的推移速度约快 14 倍。等温转变温度越高,奥氏体向铁素体的推移速度越快。但是,在共析碳素钢的珠光体中,渗碳体的相对量约占 13%,铁素体片厚度比渗碳体大得多,约大 7 倍,因此,一般来说,奥氏体等温形成时,总是铁素体先消失,当铁素体全部转变成奥氏体后,还剩下一些渗碳体未能溶解。因此,奥氏体形成后,下一个过程则是渗碳体的溶解过程,最后才是奥氏体的相对均匀化过程。

奥氏体化温度升高时,形核率、长大速度均增大,奥氏体形成速度随温度升高而迅速增大。

2.3.6　影响奥氏体形成速度的因素

一切影响奥氏体的形核率和增大速度的因素都影响奥氏体的形成速度,如:加热温度、钢的原始组织、化学成分等。

2.3.6.1　加热温度的影响

加热温度对奥氏体形成的影响如下:

（1）奥氏体形成速度随着加热温度升高而迅速增大。转变的孕育期变短,相应的转变终了时间也变短。

（2）随着奥氏体形成温度升高,形核率增长速率大于长大速度的增长速率,如:对于 Fe-C 合金,转变温度从 740℃ 升高到 800℃ 时,形核率增加 270 倍,而长大速度只增加 80 倍,如表 2-1 所示。因此,奥氏体形成温度愈高,起始晶粒度愈细小。

（3）随着奥氏体形成温度升高,奥氏体相界面向铁素体的推移速度与渗碳体的推移速度之比增大。在 780℃ 其比值约为 14,而在 800℃,比值将增大到约为 19。因此,当铁素体全部转变成奥氏体时,剩下的渗碳体量增多。

2.3.6.2 钢中碳含量和原始组织的影响

A 碳含量的影响

钢中碳含量愈高,奥氏体形成速度愈快,这是由于碳含量增高,碳化物数量增多,增加了铁素体和渗碳体的相界面面积,因而增加了奥氏体的形核部位,使形核率增大。同时,碳化物数量的增加,使碳原子的扩散距离减小,碳和铁原子的扩散系数增大,这些因素均增大了奥氏体的形成速度。如图 2-33 所示,可见,钢中碳含量由 0.45% 增加到 1.35%,当温度为 750℃ 时,珠光体向奥氏体转变 50% 所需的时间由大约 6 min 缩短为约 1 min。

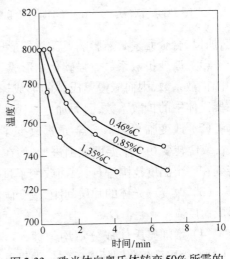

图 2-33　珠光体向奥氏体转变 50% 所需的时间及碳含量的影响

B 原始组织的影响

原始组织越细,奥氏体形成速度越快。因为原始组织中的碳化物分散度越高,相界面越多,形核率越大。同时,珠光体的片间距越小,碳原子的扩散距离减小,奥氏体中的浓度梯度增大,从而,奥氏体形成速度加快。如原始组织为托氏体时,奥氏体的形成速度比索氏体和粗珠光体都快。

试验表明,碳化物呈片状时,奥氏体的等温形成速度较粒状时的快。如图 2-34 为钢（$w(C) = 0.9\%$）的片状和粒状珠光体的奥氏体等温形成动力学图。可见,在 760℃,片状珠光体的奥氏体化转变完了的时间不足 1 min,而粒状珠光体则需 5 min 以上。这是由于片状珠光体中的碳化物与铁素体的相界面面积大,易于形核,也易于溶解。

2.3.6.3 合金元素的影响

合金元素影响碳化物的稳定性、碳原子的扩散系数,而且,合金元素分布不均

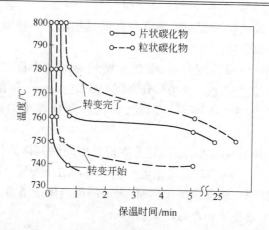

图 2-34　钢($w(\text{C}) = 0.9\%$)的片状和粒状珠光体的奥氏体等温形成动力学图

匀,所以,合金元素必然影响奥氏体的形成。

（1）改变扩散系数。强碳化物形成元素,如 Cr、V、Mo、W 等,降低碳在奥氏体中的扩散系数,因而减慢奥氏体的形成速度。非碳化物形成元素 Co、Ni 等增大碳在奥氏体中的扩散系数,因而加速奥氏体的形成。

（2）改变临界点。合金元素改变了钢的临界点的位置,如升高 Ac_1 或降低 Ac_1;或使转变在一个温度范围进行,如在 $Ac_{1s} \sim Ac_{1f}$ 范围内完成奥氏体的形成。使转变在一个温度范围进行,因而改变了过热度,影响了奥氏体的形成速度。

（3）改变珠光体的片层间距,改变碳在奥氏体中的溶解度,从而影响奥氏体的形成速度。

（4）增加奥氏体成分不均匀性,合金元素的扩散系数仅仅为碳的 1/1000 ~ 1/10000,因而,合金钢的奥氏体化需要更长的时间,而且更难以均匀化。

2.4　奥氏体晶粒长大

2.4.1　奥氏体晶粒长大现象

奥氏体化刚刚终了时,晶粒较细,随着加热温度的升高,保温时间延长,奥氏体晶粒将长大。应用高温金相显微镜观察 18Cr2Ni4WA 钢的奥氏体晶粒长大现象,图 2-35 所示为该钢真空加热到 950℃、1000℃、1100℃、1200℃,均保温 10 min,观察并拍摄到的暗场照片[1]。该钢加热到 950℃以前,能够保持极细的奥氏体晶粒,高于 950℃奥氏体化,奥氏体晶粒越来越大;加热到 1000℃时保温,奥氏体晶粒有所长大;加热到 1200℃时,奥氏体晶粒已经粗化。

奥氏体晶粒的长大动力学曲线一般按指数规律变化,分为三个阶段,即加速长大期、急剧长大期和减速期。图 2-36 为奥氏体晶粒长大动力学曲线,可见,奥氏体

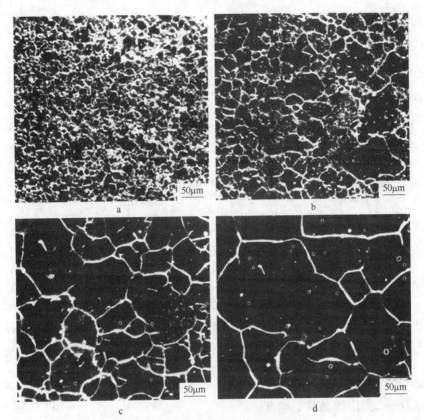

图 2-35　18Cr2Ni4WA 钢的奥氏体晶粒的长大

a—950℃；b—1000℃；c—1100℃；d—1200℃

晶粒的平均面积随着加热温度的升高而增大,当奥氏体化温度一定时,随着保温时间的延长,奥氏体晶粒的平均面积增大。从图 2-36a 可见,各种钢随着温度的升高,长大倾向不同,20 钢 800℃ 以上,随着温度的升高,奥氏体晶粒不断长大。20CrMnMo、18Cr2Ni4WA 钢加热到 1000℃ 以上,奥氏体晶粒才明显长大。从图 2-36b 可见,20 钢随着保温时间的延长,奥氏体晶粒长大较快。而 20CrMnMo 钢长大较慢。各种钢在一定温度下,晶粒长大到一定大小时,则停止长大。每个加热温度都有一个晶粒长大期,奥氏体晶粒长大到一定大小后,长大趋势减缓直至停止长大。温度愈高,奥氏体晶粒长大得愈大。无论加热温度,还是保温时间,奥氏体晶粒长大到一定程度后则不再长大。

奥氏体晶粒长大是大晶粒吞噬小晶粒的过程。在每一个等温温度,都有一个长大加速期,当长大到一定尺度,其长大过程将减慢,最后停止。等温时间的影响较小,而加热温度的影响较大。奥氏体晶粒的长大速度 G 有计算式如下[1]:

$$G = K' e^{-\frac{Q_m}{RT}} \frac{\sigma'}{D} \tag{2-5}$$

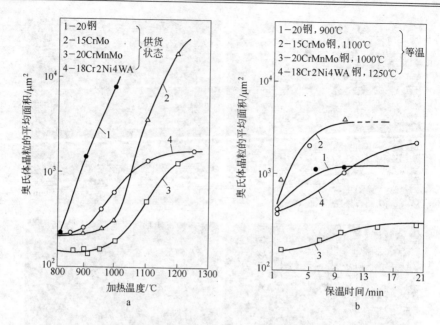

图 2-36　奥氏体晶粒长大动力学[1]

a—变温长大动力学曲线；b—恒温长大动力学曲线

式中　K'——常数；

　　　$\overline{D}$——奥氏体晶粒平均直径；

　　　σ'——比界面能；

　　　Q_m——晶界移动的激活能；

　　　R——气体常数；

　　　T——加热温度，K。

此式说明奥氏体晶粒长大速度与加热温度的升高呈指数关系急剧增大。

2.4.2　奥氏体晶粒长大机理

奥氏体晶粒长大是通过晶界的迁移进行的。晶界推移的驱动力来自奥氏体的晶界能。奥氏体的初始晶粒很细，界面积大，晶界能量高，晶粒长大将减少界面能，使系统能量降低，而趋向稳定。因此，在一定温度下，奥氏体晶粒会发生相互吞并的现象。总的趋势是大晶粒吞并小晶粒。

如图 2-37 所示为双晶模型，晶粒半径为 R，晶界面积为 $4\pi R^2$，总界面能为 $4\pi R^2 \gamma$。晶界向曲率中心移动，界面面积缩小，界面能降低，有：

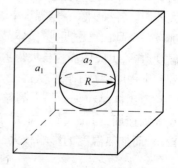

图 2-37　双晶模型示意图

$$\frac{dG}{dx} = -\frac{d(4\pi R^2 \gamma)}{dR} = -8\pi R\gamma \tag{2-6}$$

设作用于晶界的驱动力为 F,界面移动 dR 时,引起自由焓变化为 dG,则驱动力 F:

$$F = -\frac{dG}{4\pi R^2 dR} = \frac{2\gamma}{R} \tag{2-7}$$

表明:由界面能提供的作用于单位面积晶界的驱动力 F 与界面能 γ 成正比,而与界面曲率半径 R 成反比,力的方向指向曲率中心。当晶界平直时,$R = \infty$,则驱动力等于零。

从上式还可以看出,界面能 γ 减小,驱动力则变小。界面处溶入降低界面能的合金元素,驱动力将变小,则界面移动速度会减小。如稀土元素固溶于奥氏体中时,多偏聚在晶界,降低奥氏体相对界面能,加入 0.5% Ce 可使奥氏体晶界能降低到不加铈时的 70% 左右,可细化晶粒[12~15]。

2.4.3 硬相微粒阻碍奥氏体晶界的移动

用铝脱氧的钢及含有 Nb、V、Ti 等合金元素的钢,在钢中形成 AlN、NbC、VC、TiC 等微粒,这些相的硬度很高,难以变形。当其存在于晶界上时,对晶界起钉扎作用,阻碍晶界移动,在一定温度范围内可保持奥氏体晶粒细小。

设在奥氏体晶界上有一个球形硬相微粒,半径为 r,如图 2-38 所示。那么它与奥氏体的相界面的面积为 $4\pi r^2$,界面能则为 $4\pi r^2 \sigma_{相}$。

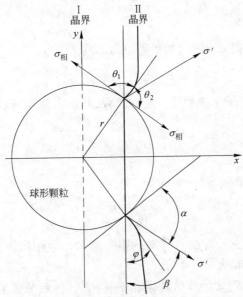

图 2-38 硬相颗粒与晶界之间交互作用示意图

如图中所示,晶界向前移动,从Ⅰ位移到Ⅱ位,则晶界变长且弯曲,造成界面面积的增加值为 S,晶界能升高为 $S\sigma$。晶界移动使界面能升高,所以,晶界移动将受到一定的阻力,使移动趋于困难。

如图所示,晶界弯曲的证明如下:

在Ⅱ位置,晶界与硬相微粒的交点处,三个界面处于平衡状态时,则有:

$$\frac{\sigma_{相}}{\sin\theta_1} = \frac{\sigma_{相}}{\sin\theta_2} \tag{2-8}$$

因此,$\theta_1 = \theta_2$,即晶界与微粒相界面应当垂直,那么,晶界离开微粒时必然弯曲。这使得奥氏体交界面面积增加,能量升高,等于阻止晶界向右移动,相当于有一个阻力 G 作用于晶界上。

设晶界从Ⅰ位移到Ⅱ位时,晶界暂停移动,处于平衡态,那么,阻力大小应等于界面总张力在水平方向上的分力,即与 σ' 在水平方向的分力相平衡。

微粒与晶粒相接触的周界长度 $L = 2\pi r\cos\varphi$,则总的线张力 $F_{总} = 2\pi r\cos\varphi\sigma'$,在水平方向上的分力 $F_{分} = 2\pi r\cos\varphi\sigma'\sin\beta$。

已知 $\beta = 90° + \varphi - \alpha$

所以,
$$F_{分} = 2\pi r\cos\varphi\sigma'\cos(\alpha - \varphi) \tag{2-9}$$

式中　α——常数,其值与相界能有关;

　　　φ——变量,随晶界与微粒的相对位置不同而变化。

平衡时,阻力 $G = F_{分}$。

可见,$F_{分}$ 是 φ 的函数:

$$F_{分} = f(\varphi)$$

取 $\dfrac{\mathrm{d}F_{分}}{\mathrm{d}\varphi} = 0$,计算得 $\varphi = \dfrac{\alpha}{2}$ 时的最大阻力,即:

$$F_{\max} = \pi r\sigma'(1 + \cos\alpha)$$

设在单位体积中有 N 个半径为 r 的微粒,其所占体积分数为 f,可以证明颗粒的最大阻力:

$$G_{\mathrm{m}} = \frac{3f\sigma'(1 + \cos\alpha)}{2r} \tag{2-10}$$

当 $\alpha = 90°$,$\varphi = 45°$ 时,最大阻力为

$$G_{\mathrm{m}} = \frac{3f\sigma'}{2r} \tag{2-11}$$

可见,微粒半径愈小,对晶界移动的阻力愈大。微粒所占的体积分数 f 越大,对晶界移动的阻力也越大。

在钢中往往存在较多的弥散的硬相微粒,当其体积分数 f 一定时,微粒越细,半径 r 越小,晶界移动的阻力越大。

2.4.4 奥氏体晶粒及影响其长大的因素

奥氏体晶粒大小一般用晶粒度评级图比较,在光学显微镜下,放大100倍,测定奥氏体晶粒度。将其晶粒尺寸大小与图2-39所表示的标准尺度比较,即可得出所测的晶粒度的级别。1~5级为粗晶粒,6~13级为细晶粒[6]。

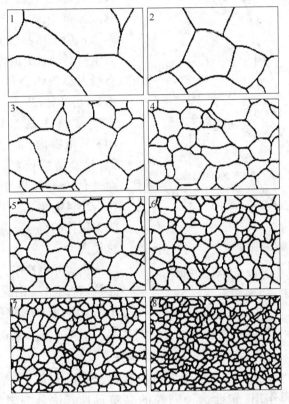

图 2-39 钢中的晶粒度级别(图中的数字表示晶粒度级别,×100)

奥氏体晶粒长大是界面迁移的过程,实质上是原子扩散的过程。它必将受到加热温度、保温时间、加热速度、钢的成分和原始组织以及沉淀颗粒的性质、数量、大小、分布等因素的影响。

加热温度愈高,保温时间愈长,奥氏体晶粒愈粗大,晶粒长大愈快。因此,为了获得较为细小的奥氏体晶粒,必须同时控制加热温度和保温时间。

加热速度越大,过热度越大,则奥氏体形成温度越高。在高温下,形核率、长大速度亦越大,这时可获得细小的奥氏体晶粒度。

钢中的碳含量增加时,碳原子在奥氏体中的扩散速度及铁的自扩散速度均增加,故奥氏体晶粒长大倾向变大。在不含有过剩碳化物的情况下,奥氏体晶粒容易长大。但是当钢中碳含量超过某一限度后,晶粒长大倾向反而变小。碳含量的影响如图 2-40 所示。可见,该图的钢种相同,仅仅渗碳前后的碳含量不同,渗碳后的奥氏体晶粒长大倾向明显增大。

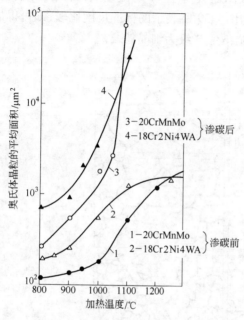

图 2-40　钢中碳含量对奥氏体
晶粒长大的影响[1]

钢中含有 Ti、V、Al、Nb 等元素时,形成熔点高、稳定性强、不易聚集长大的碳化物、氮化物,其颗粒细小,弥散分布,阻碍晶粒长大。合金元素 W、Mo、Cr 的碳化物较易溶解,但也有阻碍晶粒长大的作用。Mn、P 元素有增大奥氏体晶粒长大的作用。从图 2-36 可见,20 钢的奥氏体晶粒发生异常长大的温度 T_G 在 850 ~ 1000℃ 范围内,晶粒粗化温度 T_G 最低,起始晶粒较粗,长大倾向最大。而其他合金渗碳钢,如 20CrMnMo、18Cr2Ni4W 钢,含有 W、Mo、Cr 等形成碳化物的合金元素,阻碍奥氏体晶粒长大。

在实际生产中,为了细化奥氏体晶粒,对钢水用铝脱氧,生成大量细小的 AlN,或加入微量的 Nb、V、Ti 等合金元素,形成弥散细小的 NbC、VC、TiC 等颗粒,可阻碍奥氏体晶粒长大,达到细化晶粒的目的。

当第二相颗粒大小、分布发生变化时,阻碍作用不同。少数尺寸小的颗粒易溶解,失去阻碍作用,靠近这种颗粒的晶粒迅速长大。当温度升高时,某些碳化物或氮化物可能溶解,也失去阻碍作用。一旦部分晶粒可以优先长大,与其周围晶粒在尺寸上、位向上和曲率上的差别会随时间的延长而逐渐增大,长大速度越来越大,直到达到一定尺寸后,每个大晶粒周围有许多小晶粒为邻,大晶粒迅速吞并周围的小晶粒,直到大晶粒彼此靠拢,得到非常粗大的组织,此为异常长大。

2.4.5　粗大奥氏体晶粒的遗传性

研究钢的组织遗传性对于合金钢具有重要意义。合金钢构件在热处理时,往往出现由于锻、轧、铸、焊而形成的原始有序的粗晶组织。带有原始马氏体或贝氏体组织的钢,在加热时常出现这种现象。

　　将粗晶有序组织加热到高于 Ac_3，可能导致形成的奥氏体晶粒与原始晶粒具有相同的形状、大小和取向，这种现象称为钢的组织遗传。

　　在原始奥氏体晶粒粗大的情况下，若钢以非平衡组织（如马氏体或贝氏体）加热奥氏体化，则在一定的加热条件下，新形成的奥氏体晶粒会继承和恢复原始粗大的奥氏体晶粒。图 2-41 为 34CrNi3MoV 钢的粗大奥氏体晶粒转变为贝氏体组织的照片。可见，在放大 100 倍的情况下，原奥氏体晶粒很粗大，测定为 1 级。晶粒内形成的贝氏体组织也很粗大。

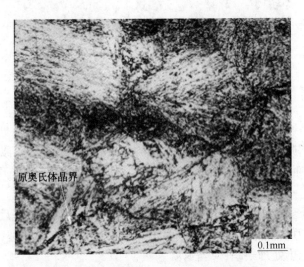

图 2-41　34CrNi3MoV 钢的粗大晶粒组织

　　如果将这种粗晶有序组织继续加热，延长保温时间，还会使晶粒异常长大，造成混晶现象。出现组织遗传或混晶时，降低钢的韧性，危害严重，应予以重视。

　　34CrNi3MoV 钢是特别容易混晶的钢种。该钢的钢锭经过锻造后需要去氢退火，重结晶正火，淬火等多种工艺操作。锻件调质后，检验晶粒度，经常出现混晶，如有时 7 级晶粒占 70%，其余为 3～4 级粗大晶粒，有时奥氏体晶粒异常长大到 1～2 级[14]。图 2-42 为 34CrNi3MoV 钢锻件的混晶照片。

　　为了杜绝这种晶粒异常长大现象，需要以平衡组织进行重新淬火，以避免组织遗传，消除混晶现象，保证组织性能合格。为了纠正混晶现象，也可以进行完全退火或正火，以便获得平衡的铁素体＋珠光体组织，然后再进行调质处理，以免产生混晶现象。

　　调质处理之前，如果钢的原始组织为非平衡组织，如马氏体、回火马氏体、贝氏体、回火托氏体、魏氏组织等，这些组织中尚保留着明显的方向性，则容易出现组织遗传。合金化程度愈高，加热速度愈快，愈容易出现组织遗传性。

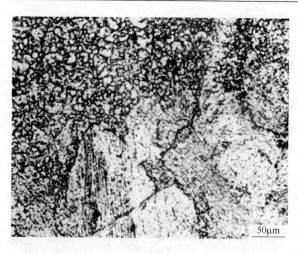

图 2-42　34CrNi3MoV 钢的混晶组织

　　原始组织是影响组织遗传的重要因素。同一种钢原始组织为贝氏体时比马氏体的遗传性强。原始组织为魏氏组织时也容易出现组织遗传。原始组织为铁素体-珠光体组织时,一般不发生组织遗传现象。对于原始组织为非平衡组织的合金钢,组织遗传是一个普遍的现象。

　　在实际热处理生产中,组织遗传或使奥氏体晶粒粗化,热处理后得到粗大的组织,将使钢件的力学性能显著恶化,韧性降低,强度下降,容易断裂,这种现象也称为过热。过热是热处理缺陷,应当返修。

2.5　奥氏体相区及合金元素的影响

2.5.1　铁的多形性转变

　　从表 1-1 可见,Fe、Mn、U、Np 是具有复杂多变的晶型的四种元素。国民经济中应用最广泛的铁及其铁基合金是典型的具有多形性转变的金属,是人类开发利用较早并对社会文明发挥了突出作用的金属。

　　纯铁的同素异构转变和铁基固溶体的多形性转变导致复杂多变的固态相变。

　　(1)纯铁在常压下具有 A_3 和 A_4 两个相变点,低温和高温区都具有体心立方结构,即 α-Fe、δ-Fe,而在 $A_3 \sim A_4$ 之间则存在面心立方的 γ-Fe。

　　(2)Fe 与 C 形成 Fe-C 合金,含 0.0218% ~ 2.0% C 的 Fe-C 合金称为钢。Fe-C 合金中加入合金元素形成 Fe-M-C 系合金,构成合金钢及铁基合金,形成多种代位固溶体、间隙固溶体、碳化物、金属间化合物等,导致复杂多变的固态相变。

2.5.2　体心立方铁的热力学特征

2.5.2.1　热容

体心立方铁的热容曲线如图2-43所示。由图可见,在结构热容C_p^{st}的基础上,由磁有序$\rightleftharpoons$磁无序二级相变产生的热效应形成磁性转变附加热容C_p^M,叠加在C_p^{st}上,构成体心立方铁的总热容C_p^{st+M}曲线。图中,在$T_1 \sim T_2$温度区间发生磁性转变,可见磁性转变温度范围很宽,起点T_0即与铁的居里点(768℃)相对应,在Fe-C相图中标为临界点A_2。

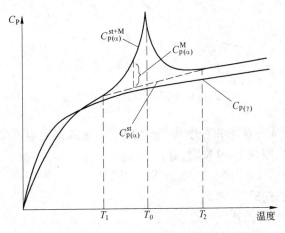

图2-43　铁的C_p-T曲线

2.5.2.2　铁的焓及熵

按上述三种热容C_p^{st}、C_p^{st+M}、C_p^M相应地有H^{st}、H^{st+M}、H^M,可导出某温度T的焓H,有下列关系式[15]:

$$H_{(T)}^{st} = H_{(0)}^{st} + \int_0^T C_p^{st}(\theta)\,d\theta \qquad (2-12)$$

$$H_{(T)}^{st+M} = H_{(0)}^{st+M} + \int_0^T C_p^{st+M}(\theta)\,d\theta \qquad (2-13)$$

式中,$H_{(0)}^{st}$、$H_{(0)}^{st+M}$称为零点焓,其物理意义是:

$H_{(0)}^{st}$是假定不发生磁性转变时,体心立方铁在$T\to 0$ K时的焓,其绝对值是磁无序状态的体心立方铁的晶体结合能。

$H_{(0)}^{st+M}$是具有铁磁性的体心立方铁在$T\to 0$ K时的焓,其绝对值是磁有序状态的体心立方铁的晶体结合能。

H^{st}、H^{st+M}与温度的关系示意曲线如图2-44[15]所示。图中H^{st}简化为一直线。两种状态的零点焓之差为磁有序能:$H_{(0)}^M = H_{(0)}^{st} - H_{(0)}^{st+M}$。从图中实线可见,磁有序的体心立方铁从0 K升温时,开始阶段焓H^{st+M}按H^{st}规律升高,当进入磁性转变区时(高于图 2-43 的 T_1 温度),因磁无序过程多吸入一部分能量,而偏离 H^{st} 直线规律,逐渐上升加剧,在居里点 T_M 处发生转折(在 T_0 不连续),然后上升变缓,到达温度 T_2 后,与 H^{st} 规律趋同。

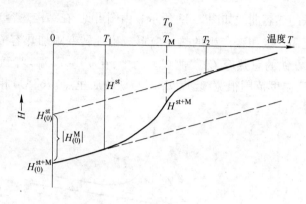

图 2-44　体心立方铁的 H-T 曲线

磁熵 S^M 是磁无序状态和有序状态熵的差值。磁熵随着温度降低,通过居里点时将逐渐减少。当温度 $T \rightarrow 0\,K$ 时,有:

$$S_{(0)}^M = S_{(0)}^{st} - S_{(0)}^{st+M} \tag{2-14}$$

其中,$S_{(0)}^{st+M} = 0$,故有,$S_{(0)}^M = S_{(0)}^{st}$。

2.5.2.3　铁的自由焓

图 2-45 示出磁性转变对体心立方铁 G-T 曲线的影响。当从高温冷却下来时,在 $T < T_2$,$G^{st+M} < G^{st}$。图中 G^{st+M} 线在温度 T_2 与 G^{st} 曲线相切。实线 G^{st} 在 T_2 以下是假定不发生磁性转变时体心立方铁自由焓的变化曲线。虚线是理论的磁性体心立方铁的自由焓曲线,它在 T_0 点与 G^{st} 曲线相切。

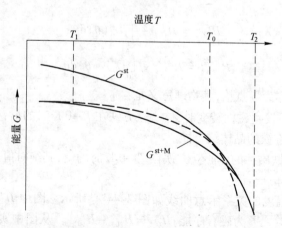

图 2-45　磁性转变对体心立方铁 G-T 曲线的影响[15]

2.5.2.4 铁的临界点 A_3、A_4 的形成

已知,面心立方铁和体心立方铁之间的焓和热容符合以下条件:

$$H_{(0)(bcc)}^{st} > H_{(0)(fcc)}^{st}$$

$$C_{p(bcc)}^{st} > C_{p(fcc)}^{st}$$

因此体心立方结构在高温下稳定,而面心立方结构在低温下稳定,它们的自由焓曲线的交点在温度 A_4。如果没有其他相变过程影响这两种结构的自由焓,则一直到室温都应当是 γ-Fe。但是,铁磁性转变对自由焓 G_{bcc} 产生影响,如果 $G_{(0)(bcc)}^{st+M} < G_{(0)(fcc)}$,则在 A_4 温度以下还会有一个自由焓交点,即 A_3 临界点,发生 bcc⇌fcc 相变。图 2-46 示出了 A_3 临界点形成的原因[15]。

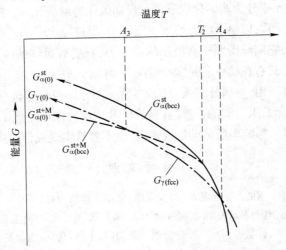

图 2-46 铁的临界点 A_3、A_4 的形成

凡是影响 $H_{(0)(bcc)}^{st}$、$H_{(0)(fcc)}$、$H_{(0)(bcc)}^{st+M}$ 和磁性转变点 T_0 等参数的因素,都可能改变自由焓曲线的位置,从而改变临界点 A_3、A_4 的数值。

在合金钢中,有的合金元素扩大 γ 相区,使奥氏体相区扩大;有的则缩小 γ 相区,使奥氏体相区缩小。有的元素降低 fcc 零点焓 $G_{γ(0)}$,增加面心立方结构的结合能,使 G_{fcc} 曲线下移,这样就使 γ 相区扩大,使 A_3 下降,A_4 上升,这些元素就是所谓扩大 γ 相区的合金元素,如 Mn、Co、Ni、C、N、Cu 等。反之,降低 bcc 零点焓的元素是缩小 γ 相区的合金元素,如 Cr、W、Mo、V、Ti 等。

磁性转变点的变化可能影响 A_3 而不改变 A_4。

Fe-C 合金相图中除了 A_3、A_4 两个临界点外,还有临界点 A_1、A_{cm}。合金元素也会影响 A_1、A_{cm} 的高低。由于钢中存在 A_0、A_1、A_2、A_3、A_4、A_{cm} 等临界点,因而钢中的固态相变非常复杂。

2.5.3 合金钢中奥氏体化的特点

钢分为高合金钢、中合金钢和低合金钢。除高合金的奥氏体钢、铁素体钢外,

其他钢种，如铁素体-珠光体钢、马氏体钢、贝氏体钢等，退火后在室温均为铁素体+碳化物的整合组织。当加热到临界点 $Ac_{1s} \sim Ac_{1f}$ 之间的相区时，奥氏体化过程与碳素钢基本相同。但其奥氏体化、均匀化过程有以下一些特点：

（1）合金元素影响碳原子在奥氏体中扩散。

（2）稳定的特殊碳化物较难溶解，使奥氏体化过程复杂化。

（3）合金元素通过对原始组织和碳化物形貌的影响来进一步影响奥氏体化速度。

（4）合金元素改变临界点，使奥氏体化在一个温度范围内进行（$Ac_{1s} \sim Ac_{1f}$）[16]。

（5）合金元素扩大或缩小奥氏体相区，从根本上影响奥氏体的形成过程。

钢中的合金元素分为非碳化物形成元素和碳化物形成元素。硅、铝、铜、镍、钴属于非碳化物形成元素，以原子状态溶入奥氏体中，促进碳原子的扩散。钒、钛、铌是强碳化物形成元素，它们与碳原子有极强的亲和力，只要有足够的碳，就与碳原子结合形成特殊碳化物，只有在缺少碳元素的情况下，才溶入奥氏体中。中等强度的碳化物形成元素，如铬、钨、钼，一部分溶入奥氏体，另一部分则可形成碳化物或溶入渗碳体中。碳化物形成元素阻碍碳的扩散，自身的扩散速度比碳原子慢 1000 ~ 10000 倍，因此碳化物溶解较慢，影响奥氏体的形成速度，也不容易实现成分的均匀化。

参 考 文 献

[1]　苏德达，李家俊. 钢的高温金相学[M]. 天津：天津大学出版社，2007.

[2]　钢铁研究总院结构材料研究所. 钢的微观组织图像精选[M]. 北京：冶金工业出版社，2009.

[3]　孙珍宝，朱谱藩，林慧国，俞铁珊. 合金钢手册[M]，上册. 北京：冶金工业出版社，1984.

[4]　戚正风. 金属热处理原理[M]. 北京：机械工业出版社，1987.

[5]　刘宗昌，任慧平著. 过冷奥氏体扩散型相变[M]. 北京：科学出版社，2007.

[6]　樊东黎，潘建生，徐跃明，佟晓辉. 中国材料工程大典（第 15 卷，材料热处理工程）[M]. 北京：化学工业出版社，2005.

[7]　陈晓农，戴起勋，邵红红. 材料固态相变与扩散[M]. 北京：化学工业出版社，2005.

[8]　Nakai K, Ohmori Y. Pearlite to Austenite Transformation in an Fe-2. 6Cr-1C Alloy [J]. Acta Materialia, 1999, 47(9): 2619 ~ 2632.

[9]　Law N C, Edmonds D V. Met. Trans., 1980, 11A: 33.

[10]　刘云旭. 金属热处理原理[M]. 北京：机械工业出版社，1981.

[11]　林慧国，傅代直. 钢的奥氏体转变曲线[M]. 北京：机械工业出版社. 1988.

[12]　刘宗昌，李承基. 固溶稀土对钢临界点的影响[J]. 兵器材料科学与工程，1989，9：56 ~ 59.

[13]　刘宗昌，杨植玑. 钒在正火钢中的相分布及稀土的影响[J]. 金属学报，1987，23(6)：A531

[14]　刘宗昌，王海燕. 奥氏体形成机理[J]. 热处理，2009，24(6)：13 ~ 18.

[15]　陈景榕，李承基. 金属与合金中的固态相变[M]. 北京：冶金工业出版社，1997.

[16]　Liu Zongchang, Li Chengji. Influence of RE and Nb on the CCT Diagram of 10SiMn Steels [J]. HSLA Steels'90 October 28-November 2, 1990 Beijing, 116.

3 珠光体的组织结构

珠光体是过冷奥氏体自高温区冷却到临界温度 A_1 以下,在较高的温度范围内发生共析分解的转变产物,由铁素体 + 碳化物两相组成。由于相变在较高的温度下进行,铁、碳原子都能进行扩散,所以珠光体转变是典型的扩散型相变。

1864 年,索拜(Sorby)首次在碳素钢中观察到这种转变产物,称之为"珠光的组成物"(pearly constituent),后来定名为珠光体(pearlite)。20 世纪上半叶,对珠光体转变进行了大量的研究工作,但主要集中在马氏体和贝氏体相变研究等方面。实际上,共析转变的某些理论问题,如形核与长大过程的领先相问题;碳化物形态的复杂变化规律;共析分解机理;从高温过渡到中温,转变规律的演化等尚未真正搞清楚。另外,共析转变在热处理实践中也体现了极为重要的作用。在退火与正火时控制珠光体转变产物的形态(如片层的厚度、渗碳体的形态等),可以保证退火与正火后所得到的组织具有较好的强度、塑韧性等。80 年代以后,由于珠光体钢的应用有了新的发展,如重轨钢的索氏体组织及在线强化;非调质钢取代调质钢;高强度冷拔珠光体钢丝凭借优异的性能得到广泛的应用等,珠光体转变的研究又引起人们的兴趣。

本书对珠光体转变过程、转变机理、转变动力学、影响因素以及珠光体转变产物的性能等进行了深入的研究,并依据对共析分解和珠光体本质的实验研究,阐述了共析分解的新理论。

3.1 珠光体的组织及定义

3.1.1 定义

以往的大量文献资料中称珠光体为"铁素体与渗碳体的机械混合物",此概念并不正确。从如下三个方面来考虑:首先,由铁素体 + 渗碳体构成的组织不一定全部是珠光体,比如碳素钢中的上贝氏体也可以由铁素体与渗碳体两相组成。第二,珠光体组织不是机械的混合物,而是一个整合的系统,并非混合系统。第三,钢中的珠光体是过冷奥氏体的共析分解产物,其相组成物是共析铁素体和共析渗碳体(或碳化物),是铁素体与碳化物以相界面有机结合,有序配合的。平衡状态下,铁素体及碳化物两相是成一定比例的,并有一定相对量。此外,两相以界面相结合,各相之间存在一定的位向关系[1]。

总之,钢中的珠光体是共析铁素体和共析渗碳体(或碳化物)有机结合的整合

组织,并非机械混合物。

至今,钢中的共析分解尚没有明确的定义,现定义如下:**过冷奥氏体在 A_{r1} 温度同时析出铁素体和渗碳体或合金碳化物两相构成珠光体组织的扩散型一级相变,称为钢中的共析分解,或珠光体转变。**

3.1.2　珠光体的组织形态

在钢中,组成珠光体的相有铁素体、渗碳体、合金渗碳体,以及各类合金碳化物,各相的形态与分布形形色色。珠光体的组织形貌有片状、细片状、极细片状;点状、粒状、球状;以及渗碳体不规则形态的类珠光体;此外,"相间沉淀"也是珠光体的一种组织形态。

按照片间距不同,片状珠光体可以分成珠光体、索氏体、托氏体三种。在光学显微镜下能够明显分辨出片层,片间距约为 150~450 nm 的珠光体组织,称为珠光体;在光学显微镜下难以分辨片层,片间距为 80~150 nm 的珠光体组织,称为索氏体;在更低温度下形成的片间距为 30~80 nm 的珠光体,称托氏体(也称屈氏体),只有在电子显微镜下才能观察到其片层结构。图 3-1 为片状珠光体的扫描电镜照片。

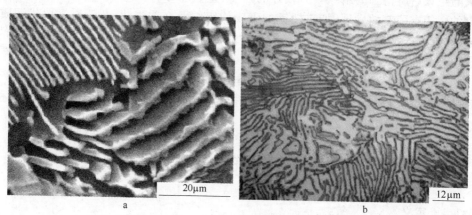

图 3-1　片状珠光体的组织形貌
a—立体形貌[2](SEM);b—T8 钢索氏体组织(SEM)

由铁素体和层片状渗碳体组成的珠光体是钢中最重要的组织之一。在共析或过共析珠光体钢中,渗碳体的体积分数超过 12%。经过适当热处理后,珠光体的层片间距可达 0.2 μm,因此,从某种意义上说,珠光体是一种天然的超微细复合组织。如果能使其渗碳体片细化后再迅速球化,并控制其长大倾向,那么利用渗碳体颗粒对铁素体晶粒长大的抑制作用来获得超细晶粒组织是完全可能的,这对实现钢铁组织的超微细化是很有意义的。此外,研究表明,珠光体钢经过室温大应变拉拔变形后,其强度可达 5700 MPa,是当今世界强度最高的结构材料之一。因此,片层结构的珠光体钢丝拉拔变形过程中的微观组织结构成为研究的热点。

当共析渗碳体(或碳化物)以颗粒状存在于铁素体基体时,称粒状珠光体。粒状珠光体可以通过不均匀的奥氏体缓慢冷却时分解而得,也可通过其他热处理方法获得。碳化物颗粒大小不等,一般为数百纳米到数千纳米。粒状珠光体较片状珠光体韧性好,硬度低,且淬火加热时不容易过热,是淬火前良好的预备组织。图3-2 为粒状珠光体的组织形貌。

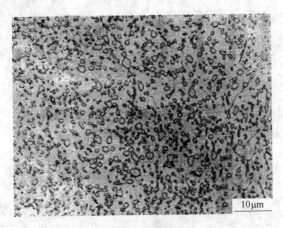

图 3-2　粒状珠光体的组织形貌

类珠光体也是共析分解产物,是共析铁素体和碳化物的整合组织。当转变温度较低,或奥氏体成分不够均匀时,碳化物不能以整齐的片层状长大,杂乱曲折地分布于共析铁素体的基体上,即为类珠光体。图3-3 为类珠光体组织照片。可以看出,碳化物形貌不规则,呈弯折片状、颗粒状、短棒状,杂乱地分布在铁素体基体上。

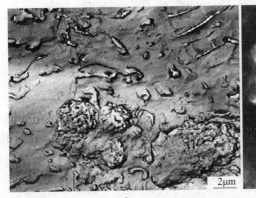
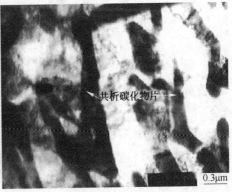

图 3-3　X45CrNiMo4 钢的类珠光体组织(TEM)

a—二次复型;b—薄膜

图 3-4 为极细珠光体的各类电镜照片,可见,图 3-4a、d 是片状珠光体;图 3-4b 中的碳化物呈短棒状或断续片状;图 3-4c 中碳化物呈颗粒状。

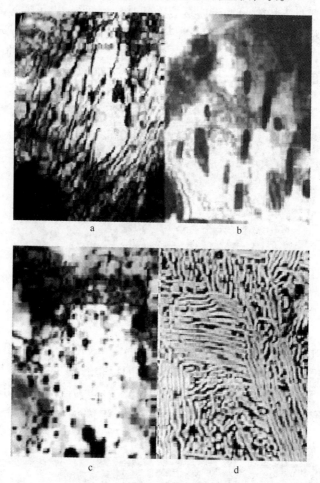

图 3-4　钢中各类珠光体的电镜组织

a—托氏体(TEM);b—渗碳体断续分布(TEM);c—VC 呈颗粒状(TEM);d—索氏体(SEM)

此外,有色金属及合金中也有共析分解,形成与钢中珠光体类似的组织,如铜合金中,Cu-Al、Cu-Sn、Cu-Be 系均存在共析转变。对于铜铝合金,在富铜端(图 3-5a),于 565℃存在一个共析转变。合金中的 α 相是以铜为基的固溶体,β 相是以电子化合物 Cu_3Al 为基的固溶体,含 11.8% Al 的铜合金在 565℃发生的共析分解反应为:

$$\beta_{(11.8)} \rightleftharpoons \alpha_{(9.4)} + \gamma_{2\,(15.6)}$$

平衡条件下,铝含量大于 9.4% 的铜合金组织中才出现共析体。但在实际铸造生产中,含 7% ~8% Al 的合金,就常有一部分共析体出现。其原因是,冷却速度大,β 相向 α 相析出不充分,剩余的 β 相在随后的冷却中转变为共析体。β 相具有体心立方结构,γ_2 相为面心立方结构,其共析体的组织形态有片状或粒状,类似于钢中的珠光体,图 3-5b 所示为 Cu-11.8% Al 合金于 800℃ 固溶处理后炉冷得到的共析组织[3]。

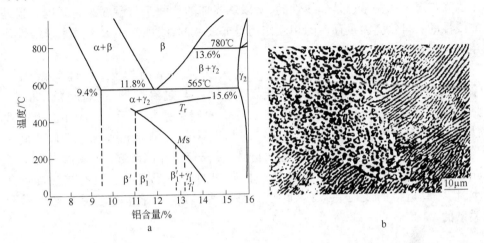

图 3-5　Cu-Al 相图(a)及 Cu-11.8% Al 的共析组织(b)

3.1.3　珠光体的片间距

片状珠光体中,相邻两片渗碳体(或铁素体)中心之间的距离称为珠光体的片间距。对于某厂生产的共析碳素钢 T8,测定了轧态的珠光体片层间距 S_0,沿试样表面观察各个视场,测定片间距 S_0 在 150 nm 以下的索氏体占 55%,普通片状珠光体约占 50%。最大片间距 $S_0 = 212$ nm,最小为 133 nm。图 3-6 为该钢的索氏体照片。

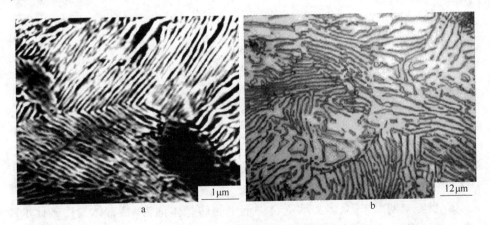

图 3-6　T8 钢索氏体组织

a—SEM;b—LOM

温度是影响珠光体片间距大小的主要因素之一。随冷却速度增加,奥氏体转变温度降低,也即过冷度不断增大,转变形成的珠光体片间距不断减小。原因如下:(1)转变温度越低,碳原子扩散速度越小;(2)过冷度越大,形核率越高。这两个因素与温度的关系都是非线性的,所以珠光体的片间距与温度的关系也应当是非线性的。自然界大量存在的相互作用是非线性的,线性作用只不过是非线性作用在一定条件下的近似[4]。

　　以往的研究者将珠光体片间距与温度的关系简单化,处理为线性关系[5,6]。图3-7a为测得的碳素钢珠光体片间距与过冷度的关系曲线。曲线1是原图的直线,为线性关系,是不确切的。曲线2是作者重新描绘的,为非线性关系,较符合实际。图3-7b是测定的几种碳素钢和合金钢的珠光体片间距与形成温度之间的关系,可见,过冷度越大,珠光体片间距越小,依次转变为珠光体、索氏体、托氏体(也称屈氏体),托氏体的片间距最小。只有当过冷度很小时,才有近似的线性关系,总的来看是非线性的,但是也有将其描绘为线性关系的。

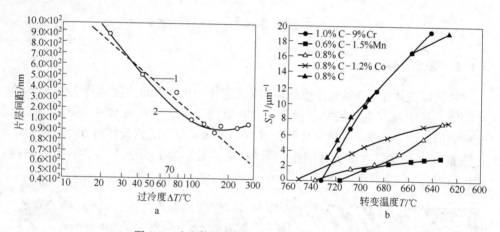

图 3-7　珠光体片间距与形成温度之间的关系
1—线性;2—非线性

从本质上讲,钢中的珠光体是共析分解的铁素体与碳化物的有机结合体。所谓有机结合是指两相以界面结合,界面处原子呈键合状态,两相以一定的位向关系相配合,并且在平衡状态下,铁素体与渗碳体两相的相对量有一定比例。对于平衡态的珠光体,可以根据 Fe-C 相图,利用杠杆定则计算铁素体和渗碳体的相对量。

20 世纪初期以来,众多文献资料将钢中的珠光体称为"铁素体与渗碳体的机械混合物",但是,随着对珠光体本质认识的深入,实验和理论上均表明,以往的定义已经过时,应当予以修正。

3.1.4 珠光体组织形貌的多样性与复杂性

在钢中,相变过程是自组织的。将钢加热奥氏体化后,得到一定成分的奥氏体。当满足自组织条件(如环境、温度等)时,奥氏体就会对该系统进行自组织,如碳素钢,在高温区,由 fcc 的晶格改组为体心立方的铁素体与斜方的渗碳体的共析结构;在中温区,转变为贝氏体组织;在 Ms 点以下,fcc 的奥氏体转变为 bcc、bct、hcp 晶格的马氏体。不同条件下,奥氏体会调动铁原子、碳原子或合金元素原子进行不同方式的运动,构建不同的晶格,发生不同类型的固态相变。无论是扩散相变还是无扩散相变,同一种固态相变,依据不同的外部条件和内在因素,系统会自组织形成各种组织结构,从而具有各种形貌。

以上所说的片状与粒状珠光体是常见的珠光体形貌,图 3-8 展示了少见的几种形貌。图 3-8a 中,照片的右边均为向同一方向排列的短棒状,左下则为粒状,它是短棒状的横断面;图 3-8b 呈树林状,如同不同粗细的树干从地面上长出;图 3-8c 呈丛针状,就像从地面上长出来一丛针叶状的草。当然,还有许多形形色色的形貌,不再赘述。

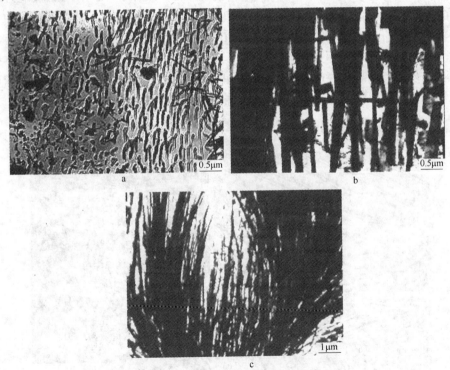

图 3-8 H13 钢的珠光体组织(TEM)

a—短棒状;b—树林状;c—丛针状

　　综上所述,奥氏体过冷到 A_1 以下共析分解为铁素体和碳化物,形成各种形貌的珠光体,是奥氏体系统自组织的结果。珠光体有片状、粒状、针状、柱状、棒状、类珠光体以及"相间沉淀"等多种形貌,但其本质相同,共析分解机制相同,只是自组织过程和方式不同。系统根据不同的外部条件与内在因素,通过自组织,协调地分解为不同的组织形貌。譬如,在 A_1 稍下的较高温度,过冷奥氏体若为均匀的单相,必将分解为普通的片状珠光体;但是,若奥氏体中尚存剩余碳化物,或成分很不均匀,则可分解为粒状珠光体。若冷却速度稍快,则分解为细片状珠光体或点状珠光体;而在低碳含钒低合金钢中,奥氏体在冷却过程中可分解为"相间沉淀"组织,等等。因此,所谓的片状珠光体、粒状珠光体是简化后常见的典型形貌。

　　珠光体组织形貌的多样性、复杂性反映了自然事物自组织演化的复杂性、神奇性。

3.2　珠光体的晶体学

　　有关奥氏体、铁素体与渗碳体之间取向关系的研究已历数十年,认识不够统一,如认为:(1)在奥氏体晶界上形成珠光体团时,共析铁素体与一侧的奥氏体共格,与另一侧则为非共格关系;(2)由于珠光体相变时的过冷度较小,只能通过非共格界面推移长大,因此,长成的珠光体团中的共析铁素体与奥氏体之间的位向关系是任意的,得出了过冷度不大时,两共析相与奥氏体间无一定位向关系的结论。

　　试验表明,珠光体在母相奥氏体 A1/A2 晶界上形核,并且向一侧的奥氏体中生长,即只在一个奥氏体晶粒中(设在 A2 中)长大成为珠光体团。由图 3-9 所示可知,珠光体从奥氏体晶界形核,然后向一侧的奥氏体晶内长大。

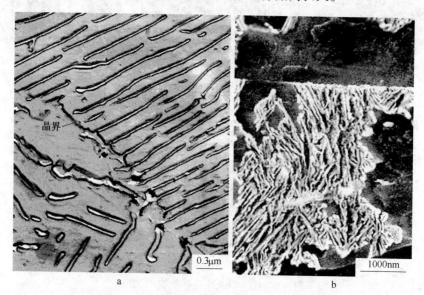

图 3-9　X45CrNMio4 钢的片状珠光体(复型照片)(a)及 35CrMo 钢的珠光体(SEM)(b)

珠光体中的铁素体和渗碳体协同地向奥氏体 A2 内长大,但与奥氏体 A2 没有特定的取向关系,具有可动的非共格界面。而铁素体(F)和碳化物可以分别与奥氏体 A1 呈现特定的取向关系,图 3-10 所示为该取向关系示意图。

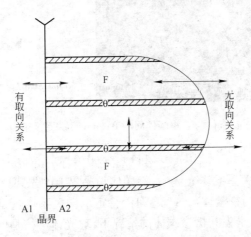

图 3-10 珠光体领域取向关系示意图

3.2.1 珠光体与奥氏体的位向关系

在奥氏体晶界时形成的珠光体领域,与相邻的奥氏体 A1(如图 3-10 所示)存在位向关系。奥氏体与铁素体(A1/F)之间存在 K-S 关系: $\{011\}_F // \{111\}_A$, $<111>_F // <101>_A$,而在 A1/θ 渗碳体间可存在 Pitsch 关系[1,7,8]: $(100)_{Fe_3C} // (1\bar{1}1)_\gamma$,$(010)_{Fe_3C} // (110)_\gamma$,$(001)_{Fe_3C} // (\bar{1}12)_\gamma$。

3.2.2 珠光体团中铁素体与渗碳体的位向关系

铁素体与渗碳体间存在两种位向关系:一是当珠光体团形核于先共析渗碳体上,则珠光体团中的铁素体和 θ-渗碳体间存在 Bagayatski 关系[1,8]:即 $(001)_{Fe_3C} // (211)_\alpha$;$[100]_{Fe_3C} // [0\bar{1}1]$;$[010]_{Fe_3C} // [1\bar{1}\bar{1}]_\alpha$,而它们与被长入的奥氏体之间无一定位向关系。二是,当珠光体团直接在奥氏体晶界上形核,则两相间符合 Pitsch-Petch 关系,即 $(001)_{Fe_3C} // (5\bar{2}\bar{1})_\alpha$;$[100]_{Fe_3C} // [131]_\alpha$;$[010]_{Fe_3C} // [113]_\alpha$,有 2.6° 的倾斜,它们与被长入的奥氏体间无一定位向关系。

以一个珠光体团中铁素体和 θ-渗碳体之间的位向关系为例,图 3-11 为其电子衍射花样及标定,确定为 Bagayatski 关系。

此外,奥氏体与珠光体中两相的晶体学取向关系为[3]:

$$(111)_\gamma // (110)_\alpha // (001)_{Fe_3C}$$

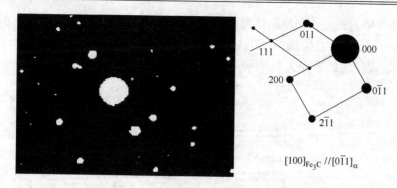

$$[100]_{Fe_3C} // [0\bar{1}1]_\alpha$$

图 3-11　铁素体与 θ-渗碳体间的 Bagayatski 关系及衍射标定[1]

$$(110)_\gamma // (111)_\alpha // (010)_{Fe_3C}$$

存在 Bagayatski 关系的珠光体中,渗碳体与晶界上的先共析渗碳体存在晶体学连续性,而珠光体内的铁素体与 A1 之间无特定取向关系。这是合理的,当奥氏体晶界上在事先已经析出先共析渗碳体的情况下,珠光体形核是两相,即铁素体和渗碳体,其中渗碳体将以先共析渗碳体为基础形核长大,这样耗能(形核功)较小,而晶界上的先共析渗碳体将铁素体相与奥氏体 A1 隔开不接触,因而铁素体与 A1 之间没有特定的位向关系。

参 考 文 献

[1]　刘宗昌,任慧平. 过冷奥氏体扩散型相变[M]. 北京:科学出版社,2007.

[2]　钢铁研究总院结构材料研究所. 钢的微观组织图像精选[M]. 北京:冶金工业出版社,2009.

[3]　陈景榕,李承基. 金属与合金中的固态相变[M]. 北京:冶金工业出版社, 1997:2~152.

[4]　陈昌曙. 自然辩证法概论新编[M]. 沈阳:东北大学出版社,1997:108~200.

[5]　刘云旭. 金属热处理原理[M]. 北京:机械工业出版社,1981:39~70.

[6]　Marder A R. at el. Met. Trans. ,1976,7A:1801.

[7]　刘宗昌. 材料组织结构转变原理[M]. 北京:冶金工业出版社, 2006.

[8]　戚正风. 固态金属中的扩散与相变[M]. 北京:机械工业出版社, 1998.

4 过冷奥氏体共析分解机理

共析成分的奥氏体过冷到临界点 A_1 以下的珠光体转变区,将发生共析分解,转变为珠光体组织。

过冷奥氏体共析分解为铁素体与碳化物的整合组织是一个自组织过程。按照自然事物的演化理论[1],系统远离平衡态,过冷奥氏体在一定过冷度(ΔT)下,必然出现贫碳区与富碳区的涨落,加上随机出现的结构涨落、能量涨落,一旦满足形核条件,则在贫碳区建构铁素体核胚的同时,在富碳区也建构渗碳体(或碳化物)的核胚,二者同时同步,共析共生,非线性相互作用,互为因果,共同组成一个珠光体的晶核($F + Fe_3C$)。这种演化机制属于放大型的因果正反馈作用,使微小的随机涨落经过连续的相互作用逐级增强,而使原系统瓦解,建构新的稳定结构(珠光体)。

珠光体虽然有多种形貌,但其转变机制是一致的。过冷奥氏体系统根据不同的外部条件和内在因素,通过自组织,协调共析分解为不同的珠光体组织,即相变机制一元化,而组织形貌则多元化。

4.1 奥氏体转变为珠光体的热力学

热力学是基于统计热力学理论发展起来的,其基本原理为,相变驱动力等于两相自由焓之差,即 ΔG。当 ΔG 为负值时,相变为自发过程。相变驱动力与阻力是热力学研究的核心问题。对于过冷奥氏体共析分解而言,研究其相变热力学,测算相变驱动力与阻力,可为相变机制的研究提供理论依据。

4.1.1 奥氏体与珠光体的自由能之差

过冷奥氏体过冷到 A_1 以下温度发生共析分解时,由于珠光体转变温度较高,原子能够充分扩散,相变阻力较小,在较小的过冷度下就可以发生扩散型转变。

通过实验,可测得奥氏体转变为珠光体的焓,推导出各个温度下奥氏体与珠光体的自由能之差。图 4-1 所示为几种钢的奥氏体与珠光体的自由能之差($\Delta G = G_P - G_A$)与温度的关系。可见,在 $700 \sim 750\,℃$ 间,存在 $\Delta G = 0$ 的临界温度 A_1。A_1 以下自由能之差 ΔG 不大,且均小于零。当奥氏体与珠光体的自由能之差为负值时,过冷奥氏体自发分解为珠光体。由图中可以看出,碳素钢的临界点 A_1 约为 $727\,℃$。

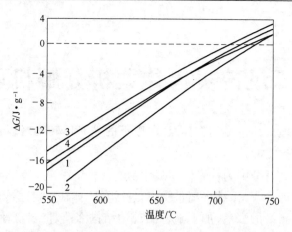

图 4-1　奥氏体与珠光体的自由能之差与温度的关系[2]

1—碳素钢;2—1.9% Co 钢;3—1.8% Mn 钢;4—0.5% Mo 钢

4.1.2　共析分解的热力学条件

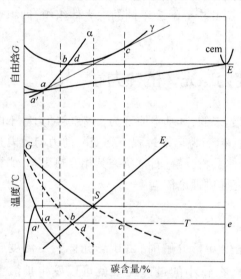

图 4-2　Fe-C 合金在 A_1 以下各相

自由能变化示意图

应用相图和奥氏体、铁素体和渗碳体各相的自由焓变化可以分析珠光体分解的温度条件和各相转化的途径。从图 4-2 可以看出 α、γ、渗碳体(标记为 cem)三相自由能分别随成分变化的曲线。

将 Fe-C 合金相图中 S 点成分的共析钢奥氏体化,过冷到温度 T,由图中可以看出,a 点碳含量的 α 相与 c 点碳含量的 γ 相结合,保持亚稳平衡,α 和 γ 两相的自由能由公切线 ac 与共析钢成分线的交点决定。γ 相和渗碳体两相的自由焓曲线的公切线 bE 与共析钢成分线的交点决定了两相结合的自由焓。a 点碳含量的 α 相 + e 点渗碳体相结合,其自由焓由 α 和 cem 两相的自由焓公切线决定。

比较由三条公切线决定的自由焓,从图可见,碳含量大于 c 点的 γ 相,可以转变为 d 点碳含量的 γ 相 + 渗碳体,更可以转变为 a' 点碳含量的 α 相 + 渗碳体。值得指出的是,具有共析成分的 γ 相,可以同时分解为 α 和 γ,α、γ、渗碳体三相共存。由于碳含量接近平衡态的铁素体 +

渗碳体的整合组织的自由焓最低,所以过冷奥氏体分解的产物就是铁素体 + 渗碳体两相组成的整合组织,即珠光体。

4.1.3 相变驱动力的计算模型

1962 年,Kaufman 等人首先提出了 Fe-C 合金相变热力学模型,即 KRC 模型和 LFG 模型,并计算了奥氏体共析分解的驱动力数值[3,4]。过冷奥氏体共析分解为平衡浓度的渗碳体和铁素体,其反应式为 $\gamma \rightarrow \alpha + Fe_3C$。KRC 模型列出平衡分解的相变驱动力为:

$$\Delta G^{\gamma \rightarrow \alpha + Fe_3C} = (1 - x_\gamma) G_{Fe}^\alpha + x_\gamma G_C^G + x_\gamma \Delta G^{Fe_3C} - G^\gamma \qquad (4-1)$$

其中,$\Delta G^{Fe_3C} = G^{Fe_3C} - 3G_{Fe}^\alpha - G_C^G$,为渗碳体的生成自由焓的变化。$G^{Fe_3C}$、$G_{Fe}^\alpha$、$G_C^G$、$G^\gamma$ 分别为渗碳体、纯铁、石墨、奥氏体的自由焓。

计算了 Fe-0.89%C 合金的相变驱动力,其温度范围为 127 ~ 727℃,计算结果如图 4-3 所示。图中虚线为 KRC 模型的计算值,而实线是 LFG 模型的计算值,两者相近。应当指出,该计算的相变温度范围过宽,已超出了珠光体转变温度,钢中的珠光体转变发生在 A_1 ~ Ar_1 之间,珠光体转变的最低温度约为 500℃左右,而在 500 ~ 127℃ 之间将发生非平衡转变,即中温区的贝氏体相变和低温区的马氏体转变,这时不能再以反应式 $\gamma \rightarrow \alpha + Fe_3C$ 作为计算模型。

从图中可以看出,在 Fe-C 合金的临界点 A_1 温度,奥氏体共析分解为珠光体的驱动力为零,处于平衡状态。相变驱

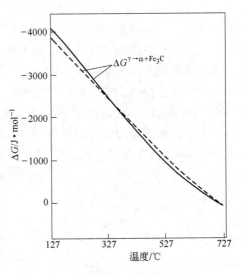

图 4-3 按照 KRC(虚线)、LFG(实线)模型计算的相变驱动力[4]

动力随温度降低而增大(ΔG 越负),近似于直线关系。Fe-0.89%C(质量分数)碳素钢在 500 ~ 727℃ 之间发生珠光体转变,其相变驱动力在 0 ~ -1000 J/mol 范围内变化,随转变温度降低,相变驱动力越大(即越负)。碳素钢在 550℃ 共析分解的驱动力约为 890 J/mol,与图 4-1 的实测值比较,两者较为接近。

4.2 过冷奥氏体共析分解机理

过冷奥氏体的共析分解反应符合相变的一般规律,也是一个形核与核长大的过程。珠光体在奥氏体晶界形核,属于非均匀形核。晶核以横向长大和侧向长大

方式形成珠光体领域。

4.2.1　晶体缺陷对形核的促进作用

固态金属中存在着大量晶体缺陷,如晶界、相界、孪晶界、位错、层错等。晶核在此处形成时,该处存在的缺陷能将贡献给形核功,其形核功小于均匀形核功,因而,晶体将通过自组织功能选择在晶体缺陷处优先形核。晶体缺陷对形核的促进作用表现在以下几个方面:(1)母相界面有现成的部分,因而只需部分重建;(2)原缺陷能可以贡献给形核功,使形核功变小;(3)界面处扩散速率比晶内快得多;(4)相变引起的应变能可较快地通过晶界流变而松弛;(5)溶质原子易于偏聚在晶界处,有利于提高形核率。

非均匀形核时,系统自由焓变化中多了一项负值,可写为:

$$\Delta G = n\Delta G_A + nU_A + \eta n^{\frac{2}{3}}\sigma - n'\Delta G_D \tag{4-2}$$

式中　ΔG_D——晶体缺陷内每一个原子的自由焓增值;

　　　　n——缺陷向晶核提供的原子数。

晶界形核受界面能与晶界几何状态有关,即受界面、界棱、界隅的影响。新相晶核可有不同形状,图4-4为非共格形核的形状。以界面形核为例进行讨论。

如图4-4a所示,α为母相,β为新相晶核,α晶界为大角度晶界,界面能$\sigma_原$为$\sigma_{\alpha\alpha}$。设α/β相界面为非共格界面,呈球面,半径为r,界面能$\sigma_核$为$\sigma_{\sigma\beta}$,接触角为θ。令$t=\cos\theta$,当界面张力平衡时,有:

$$\sigma_{\alpha\alpha} = 2\sigma_{\sigma\beta} \cdot t \tag{4-3}$$

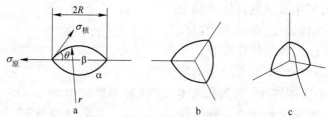

图4-4　晶界形核的形貌示意图

a—界面;b—界棱;c—界隅

设新形成的α/β相界面是两个球冠,一个球冠的表面积为$S_\beta = 2\pi r^2(1-t)$,而另一个球冠的体积为$V_\beta = \pi r^3\left(\dfrac{2-3t+t^3}{3}\right)$。由于$\left(\dfrac{2-3t+t^3}{3}\right)$这一组合参数常在运算中出现,故以$[S]$代表,称为球冠体常数。

由于新相β核的出现,原晶界被清除一部分,因而界面能发生变化,被清除的界面积为:

$$S_\alpha = \pi R^2 = \pi r^2(1-t^2) \tag{4-4}$$

由于是非共格形核,故不计应变能,则相变自由焓为:

$$\Delta G = n\Delta G_A + \eta n^{\frac{2}{3}}\sigma \tag{4-5}$$

式中 n——晶核原子数,$n = \dfrac{V_\beta}{V_p}$,V_p 为克分子体积。

表面能项变化 $\eta n^{\frac{2}{3}}\sigma = \sigma_{\sigma\beta}S_\beta - \sigma_{\alpha\alpha}S_\alpha$。

由于新相晶核是双球冠,则将 2 倍的 V_p 与 S_β 代入式(1-10),将式(1-9)也代入,则得:

$$\Delta G = \frac{2\pi r^3[S]}{V_p}\Delta G_A + 4\pi r^2(1-t)\sigma_{\sigma\beta} - \pi r^2\sigma_{\alpha\alpha}(1-t^2) \tag{4-6}$$

将上式进行运算整理,并取 $\dfrac{\partial \Delta G}{\partial r} = 0$,算得临界晶核大小和临界晶核形成功为:

$$r^* = -\frac{2\sigma_{\alpha\beta}V_p}{\Delta G_A} \tag{4-7}$$

$$[\Delta G^*] = \frac{8\pi\sigma_{\alpha\beta}^3 V_p^2}{\Delta G_A^2}[S] \tag{4-8}$$

将双球冠晶核与均匀形核的形核功 $\Delta G_{均}^*$ 进行比较,有如下关系:

$$[\Delta G^*] = \frac{3}{2}[S]\quad \Delta G_{均}^* \tag{4-9}$$

(1)接触角 $\theta = 90°$,$[S] = \dfrac{2}{3}$,则 $[\Delta G^*] = \Delta G_{均}^*$,这时表明晶界对形核没有促进作用,界面形核与均匀形核相同。

(2)接触角 $\theta = 0°$ 时,$\sigma_{\alpha\alpha} = 2\sigma_{\sigma\beta}$,$[S] = 0$,则 $[\Delta G^*] = 0$,即非均匀形核功为零,形核成为无阻力过程。

(3)接触角 $\theta = 60°$ 时,$t = \dfrac{1}{2}$,$\dfrac{[\Delta G^*]}{\Delta G_{均}^*} \approx 0.3$,即均匀形核的形核功约为非均匀形核功的 3 倍,表明非均匀形核有优势。

相界面也是非均匀形核的地点,这时新相单球冠处于外来相的表面,可以求得:

$$[\Delta G_{单}^*] = \frac{3}{4}[S]\quad \Delta G_{均}^* \tag{4-10}$$

应当指出,相界单球冠的 $[S]$ 的含义与晶界双球冠体不同。但总的趋势是相界面的形核功比均匀形核功小,因此,相界面是促进形核的地点。

晶界不同部位对形核的贡献不等。晶核最容易在界隅形成,其次是晶棱,再次是界面。虽然界面形核不如晶棱及界隅容易,但由于界面的面积较大,相对来说界面提供的形核位置多,故固态相变仍以界面形核为主。

4.2.2　珠光体的形核

4.2.2.1　共析分解的领先相问题

珠光体转变是个形核长大的过程。由于珠光体为铁素体＋渗碳体复相组织,以往认为存在领先相问题。领先相之争,已持续半个世纪,认为渗碳和铁素体均可成为珠光体相变时的领先相,视钢的成分、奥氏体化温度、保温时间与过冷度等因素而定。具体地说,在过共析钢中通常以渗碳体为领先相;在亚共析钢中通常以铁素体为领先相;而在共析钢中,两者都可能成为领先相;奥氏体化参数是通过奥氏体成分或末溶残存相来起作用的;过冷度小时,渗碳体是领先相;过冷度大时,铁素体是领先相。但是,先出现的相不一定能够成为珠光体的有效核,关键是两个相在生长过程中要有"协作"关系,只有它们成为相互协作的有效晶核时,才能促使珠光体团的形成。由于难以应用电镜等先进仪器直接进行实验验证,故一直难以定论。

上述领先相观点不统一,且在实验上缺乏依据。难道珠光体是由两相构成的就必然存在领先相吗? 不存在这一逻辑。化学中的分解反应是一个相同时地变成两个相的过程,反应产物是按反应式同时生成的。同样,过冷奥氏体以共析分解反应生成铁素体与渗碳体也不例外。钢作为一个开放系统,具有整合特性。按照 Fe-C 相图,在 727℃,奥氏体与铁素体和渗碳体三相平衡,即在此温度发生共析反应。当过冷奥氏体离开平衡态时(有过冷度 ΔT),则在 Ar_1 温度共析分解为珠光体。珠光体(P)由铁素体和渗碳体两相(F + Fe$_3$C)构成,是一个整体,作为同一个共析反应的产物,是同时同步生成的。

图 4-5 为 T8 和 T10 钢的等温转变动力学图。由图中可以看出,两种钢的 TTT图的"鼻温"为 550℃左右。从动力学图上分析,可见在"鼻温"处,珠光体转变孕育期最短,均约为 0.5 s。而且从图 4-5b 可以看出,在 T10 钢的"鼻温"处,经过 0.5 s的等温时间,共析分解反应就将完成。显然珠光体转变在极短时间内,于 550℃保温 0.5 s 即形成珠光体,完成 F + Fe$_3$C 的形核长大,这一实验事实足以说明铁素体和渗碳体是共析共生的,没有"领先"和"随后"之分,即不存在领先相。取工业用钢 T8,加热到 900℃奥氏体化,迅速冷却到 550℃的盐浴炉中等温 9 s,然后淬火到室温,在扫描电镜下,可以观察到微小的珠光体团在奥氏体晶界形成,如图 4-6 所示,此动力学说明,在此极短的时间内,珠光体晶核(铁素体＋渗碳体两相)已经形成,并且长大到了 1 μm 的尺度。实际上难以分辨"领先"和"随后"。

20 世纪 80 年代,S. A. Hackney[5]用高分辨率透射电子显微镜研究了珠光体转变,观察了 F/A、C/A 界面的结构及界面形成过程,发现在界面上存在铁素体和渗碳体平直的相界面及共享台阶。表明珠光体晶核形成后依靠共享台阶长大,说明珠光体晶核的两相(铁素体＋渗碳体)同时同步形成,共析共生,共享台阶协同长大。综上所述,共析分解是不存在领先相的,并且,虽然领先相问题的研究具有一定理论意义,但实际工程应用价值不大。

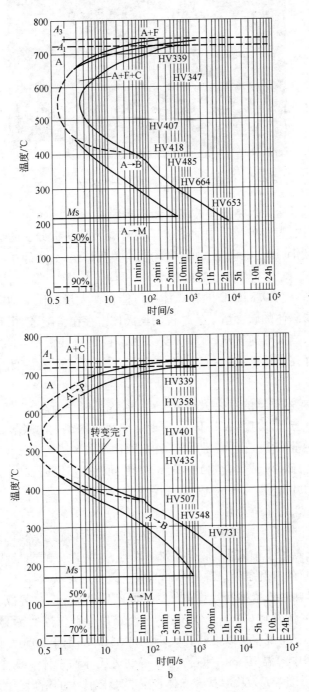

图 4-5 T8(a)和 T10 钢(b)的等温转变动力学图[6]

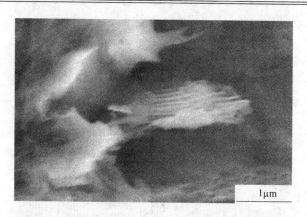

图4-6　T8钢550℃等温形成的一个珠光体团(SEM)

4.2.2.2　过冷奥氏体中的贫碳区和富碳区

在孕育期内,过冷奥氏体中的贫碳区和富碳区是共析分解的必要条件。无论是高碳钢、中碳钢,还是低碳钢,加热时均获得奥氏体组织,碳原子在奥氏体中的分布是不均匀的。奥氏体均匀化是相对均匀,不均匀是绝对的。用统计理论进行计算的结果表明,在含0.85%C的奥氏体中可能存在大量的比平均碳含量高8倍的微区,相当于渗碳体的碳含量了。这说明奥氏体中存在富碳区,相对地应当也存在贫碳区。又如,当加热速度从50℃/s到230℃/s,对亚共析钢40钢进行奥氏体化时,奥氏体中存在高达1.4%~1.7%C的富碳区,因而必然存在低于钢平均碳含量的贫碳区[7]。

按照科学技术哲学的自组织理论[1,8,9],系统远离平衡态,必然出现随机涨落。过冷奥氏体在一定过冷度(ΔT)下,将出现贫碳区与富碳区的涨落。加上随机出现的结构涨落、能量涨落,一旦满足形核条件,则在贫碳区建构铁素体核胚的同时,在富碳区也建构渗碳体(或碳化物)的核胚,二者同时同步,共析共生,非线性相互作用,互为因果,共同建构一个珠光体的晶核($F + Fe_3C$)。

4.2.2.3　珠光体的晶核

按照固态相变的一般规律,奥氏体晶界上是珠光体优先形核的地点,因为奥氏体晶界能量高,碳原子偏聚多,原子排列不规则,这些地方的能量涨落、浓度涨落、结构涨落是形核的有利条件。珠光体的晶核可以由一片铁素体和一片碳化物相间组成,也可能是几片铁素体和几片碳化物组成。只要大于其临界晶核尺寸,均可能长大为一个珠光体领域(称珠光体团)。至今难以借助仪器实际测定珠光体晶核的尺寸,但是从实验观察可以推断其大小。将35CrMo钢于1050℃奥氏体化,然后于530℃硝盐浴中等温10 min,水冷淬火,得到贝氏体铁素体＋珠光体＋残留奥氏体的整合组织。图4-7为片层状珠光体在晶界形核长大的情形。图中所标的珠光体团尺寸实测为1088 nm,而箭头 a 所指的珠光体团尺寸约为270 nm,箭头 b 所指约为 550 nm,这些珠光体团都是由晶核长大的。如果图中的珠光体团的晶核是由一片铁素体与一片碳化物组成,则该珠光体晶核的尺寸接近 100 nm。转变温度越低,晶核尺寸越小。

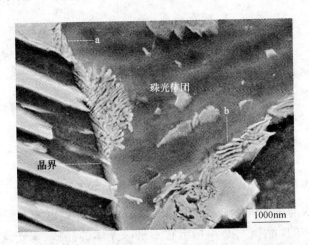

图 4-7 35CrMo 钢奥氏体晶界处形成珠光体晶核并长大(SEM)

图 4-8 为珠光体形核与长大示意图,图 4-8a 为在奥氏体晶界上由于涨落而形成的贫碳区和富碳区,图 4-8b 为在贫碳区和富碳区中分别形成铁素体与碳化物,两者共析共生,长大为珠光体团。

如图 4-8c 所示,珠光体晶核形成后,铁素体片和 Fe_3C 片将同时长大,其周围奥氏体中碳含量必然发生变化:铁素体旁侧的奥氏体中,碳原子逐渐增加,不断富碳,有利于渗碳体的再形成;而渗碳体旁侧的奥氏体中,碳原子不断贫化,有利于铁素体的再形成。这样轮流出现,珠光体核不断长大,如图 4-8c、d、e 所示,逐渐形成一个珠光体领域。图 4-8e 是 42MnV 钢珠光体晶核在奥氏体晶界形成,并向一侧奥氏体晶内长大形成的一个珠光体领域,其尺寸已长大到 3 μm 左右。

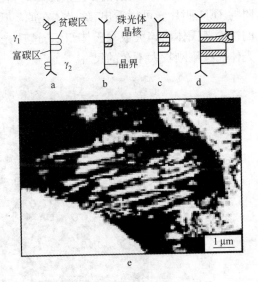

图 4-8 珠光体晶核($F + Fe_3C$)的
形成及长大示意图

a—晶界处出现随机成分涨落;b—珠光体形核
($F + Fe_3C$);c,d—晶核长大形成珠光体团;
e—晶核形成与长大为珠光体团的 TEM 像

在以往的教科书中,往往以渗碳体为领先相进行讲述,叙述珠光体转变机理。用图4-9 来描述形核与长大过程,在两个奥氏体晶粒的界面上形成一个渗碳体晶核(图4-9a),然后在其旁侧由于贫碳再生成铁素体晶核(图4-9b),这种学说和模型应当摒弃。

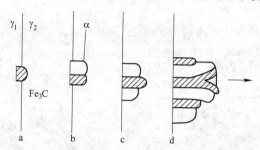

图 4-9　以渗碳体为领先相的形核长大示意图

a—Fe$_3$C 在晶界形核;b—铁素体在 Fe$_3$C 一侧形核;c—重复形核长大;d—分支形核

比较图 4-8 与图 4-9 可知,两者在形核机制上有原则区别。图 4-9a 为在晶界上形成的渗碳体的“晶核”,必须指出它不是珠光体的晶核,珠光体的晶核由两相组成,即 F + Fe$_3$C。一个渗碳体晶核不是珠光体晶核。

图 4-10 为共析碳素钢在连续冷却时,在晶界处形核并长大为一个微小珠光体团的 TEM 照片。可以看出,珠光体在原奥氏体晶界(界隅)形核并长大,尚未转变的过冷奥氏体已淬火成马氏体组织,该珠光体团尺寸也很小,只有 2 ~ 3 μm,是珠光体晶核刚刚长大不久的尺寸。

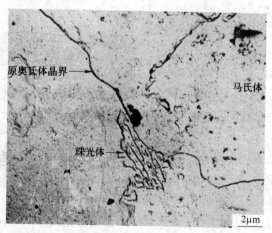

图 4-10　共析碳素钢的珠光体在晶界形核(TEM,二次复型)

上已叙及,珠光体晶核在晶界形成时,存在位向关系,其中渗碳体与两个奥氏体晶粒 γ_1、γ_2 中的一个(如 γ_1)保持一定晶体学取向关系,即:

$$(100)_{Fe_3C} // (1\overline{1}1)_{\gamma_1};\ (010)_{Fe_3C} // (110)_{\gamma_1};\ (101)_{Fe_3C} // (\overline{1}12)_{\gamma_1}$$

珠光体中的铁素体与 γ_2 保持 K-S 关系:

$$(110)_\alpha // (111)_\gamma ; \qquad [1\bar{1}1]_\alpha // [0\bar{1}1]_\gamma$$

碳是内吸附元素,当奥氏体中的固溶碳含量增加时,奥氏体晶界处也将吸附较高的碳含量,这必将推迟贫碳区的形成,从而延缓珠光体的形核。因此,奥氏体中的碳含量增加时,过冷奥氏体分解为珠光体的孕育期延长,转变开始线右移,即奥氏体趋于稳定化。此外,若奥氏体晶内存在杂质颗粒,则杂质与奥氏体的相界面也可以作为珠光体的优先形核地点。

4.2.3 珠光体晶核的长大

珠光体晶核在奥氏体晶界处形成后,珠光体晶核的侧向长大和端向成长,迅速长大为珠光体领域。这样,其侧面更加容易形成贫碳区和富碳区,促进晶核迅速长大。

4.2.3.1 晶核的端向长大

经典的长大理论认为:珠光体晶核的端向长大过程有赖于碳原子从铁素体片前的富碳奥氏体区向渗碳体前沿的贫碳奥氏体中扩散,铁素体片前沿的碳含量降低,有利于铁素体长大;增碳的奥氏体则促使渗碳体长大。这样,通过体扩散,实现渗碳体和铁素体的端向长大,如图 4-11 所示,在珠光体晶核长大前沿的奥氏体中,存在碳浓度梯度,表示将进行体扩散。

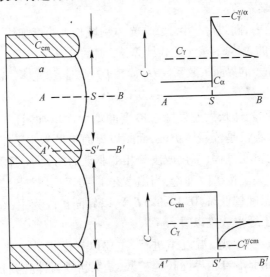

图 4-11 珠光体的端向长大示意图

铁素体与渗碳体共析共生,两者互为因果,非线性作用重复进行,迅速沿着晶界展宽使珠光体团长大。珠光体的端向长大依靠铁素体和渗碳体的协同长大进行,由一个珠光体晶核长大而成为珠光体领域或称"珠光体团"。

　　Sundquist 指出[10],共析成分的碳素钢中珠光体的实测长大速度很快,约为 50 μm/s,而按体扩散计算所得的铁素体片长大速度为 0.16 μm／s,渗碳体片为 0.064 μm／s,远小于珠光体长大的实测值,两者相差 2～3 个数量级,这可能与铁素体与渗碳体的非线性相互作用有关,主要通过界面扩散进行,而界面扩散速度要比体扩散快得多。研究指出:原子在奥氏体晶界的自扩散系数远远大于在晶内的自扩散系数,晶界自扩散系数约为晶内的 10^7 倍。界面扩散可能是珠光体长大速度较快的主要原因,故认为珠光体长大过程中,主要依靠界面扩散进行。

　　珠光体领域的长大速度 v,根据 Zener-Hillert 模型[11],可以表示为:

$$v = \frac{D_c^\gamma}{a} \times \frac{\lambda^2}{\lambda^\alpha \lambda^c} \times \frac{C_c^{\gamma/\alpha} - C_c^{\gamma/c}}{C^c - C^\alpha} \times \frac{1}{\lambda}\left(1 - \frac{\lambda_c}{\lambda}\right) \tag{4-11}$$

式中　D_c^γ——碳在奥氏体中的体扩散系数;

　　　a——Fe-C 合金的几何系数,为 0.72;

　　　λ_c——临界片间距;

　　　λ——实际片间距;

其他为各相及相界的碳浓度。

该式可简化为:

$$v = kD_c^\gamma(\Delta T)^2 \tag{4-12}$$

式中　k——热力学系数。

　　一定温度范围内,随过冷度增大,珠光体领域长大速度加快。

　　该式为体扩散的表达式,按照此式计算长大速度与实际不符。如果界面扩散占主要地位,则以溶质原子的界面扩散系数 D_b 代替 D_c^γ,此时,珠光体领域的长大速度为:

$$v = kD_b(\Delta T)^3 \tag{4-13}$$

　　由上述可知,珠光体长大速度随过冷度的增大而增加,且与扩散系数成正比。珠光体晶核的长大不仅是依靠体扩散,而是以界面扩散为主迅速长大。

　　过冷奥氏体的转变过程,不仅取决于相变驱动力的大小,还与原子的活动能力和位移方式密切相关。按扩散理论,当温度在 $1\sim0.7T_m$(熔点)时,进行体扩散,以点阵扩散为主;当温度较低时($0.3\sim0.5T_m$),以界面扩散为主;在 $0.3T_m$ 以下温度时,界面扩散则过于缓慢或难以进行了。

　　因此,珠光体转变在 Ar_1 温度下进行,主要以界面扩散方式完成共析分解,碳原子、替换原子均能够沿着相界面长程扩散,是共析铁素体和共析渗碳体两相共析共生、共享台阶、协同长大的扩散型相变。

　　三元系合金共析分解时,溶质原子的扩散情况可分为三类:(1)两种溶质原子均进行界面扩散;(2)一种溶质原子进行界面扩散,另一种原子进行体扩散;(3)两种原子均进行体扩散。

　　Fe-C-M 三元系合金钢的珠光体转变产物是合金钢的珠光体组织,由共析合金铁素体和共析合金渗碳体(或特殊碳化物)构成。在较小的过冷度下,替换原子在母相与新相间进行再分配;但是,在较大过冷度下,替换原子难以进行再分配,即形成没有溶质原子再分配的珠光体组织。但是,碳原子是能够进行长程扩散的,形成渗碳体较为容易。

界面扩散控制的长大速度(v)与片间距(S_0)的立方的乘积是个常数[11]:$vS_0 =$ 常数。这意味着珠光体团的长大速度(v)受控于替换原子的界面扩散,即有替换原子的再分配。Cr、Mo 等合金元素在共析分解时,能够进行再分配。在共析分解时,合金渗碳体和特殊碳化物的形成说明共析分解时,替换原子是能够长程扩散的,主要是界面扩散。

4.2.3.2　晶核的台阶长大机制

台阶长大是珠光体转变机制研究在 20 世纪末的一个新进展。试验研究认为,共析铁素体和共析渗碳体两相与母相奥氏体的相界面是由连续的长大台阶所耦合,两相依靠台阶长大共析共生、协同生长。

图 4-12a 为一个珠光体晶核的侧向长大和端向长大示意图,图中的小箭头表示碳原子沿着 F/A 相界面的扩散方向。图 4-12b 表示铁素体和渗碳体两相的界面位置。铁素体长大时,排出碳原子,使 F/A 相界面处碳原子浓度增加,其"邻居",即渗碳体的长大正需要消耗碳原子,使 C/A 相界面处的碳原子浓度降低,此时在化学势作用下,碳原子迅速沿着界面扩散到渗碳体前沿,协助渗碳体长大;而铁素体前沿的碳原子浓度降低则有利于铁素体的长大。铁素体长大需要铁原子的供应,渗碳体长大排出的铁原子则沿着相界面扩散到铁素体前沿,促进铁素体长大,这就是两相协同竞相长大机制。如果界面存在台阶,则促进协同长大过程。

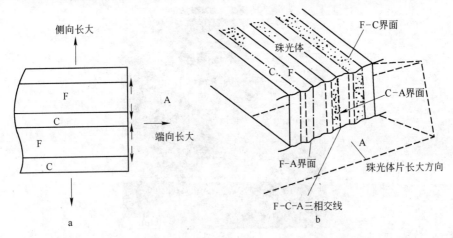

图 4-12　珠光体转变时碳原子扩散方向(a)和各相界面位置(b)示意图

根据珠光体长大的经典理论,F/A、C/A 相界面的端刃部应当具有非共格结构。但是,根据研究的位向关系,这两个相界面应具有半共格结构,否则珠光体的两个组成相与母相之间不会有任何晶体学取向关系,而实验结果表明存在晶体学取向关系。这就说明,经典的珠光体长大理论不够完善。许多实验结果表明,晶界、孪晶界可使长大停止或改变珠光体铁素体片、渗碳体片的长大方向,晶界往往阻碍珠光体领域的发展,这表明以相界面非共格无序的长大机制不够正确,应当修正。

F/A、C/A 相界面具有半共格结构,并且存在界面台阶。20 世纪 80 年代中期,S. A. Hackney 用高分辨率透射电子显微镜观察了 Fe-0.8% C-12% Mn 合金的珠光体转变,研究了 F/A、C/A 界面的结构及界面形成过程。结果表明,界面上存在平直的相界面、错配位错及台阶缺陷,台阶高度约为 4~8 nm,且台阶是可动的。认为珠光体长大时,界面迁移依赖台阶的横向运动。

图 4-13 所示为 Fe-0.8% C-12% Mn 合金经 1300℃加热 12 h + 600℃保温 12 h

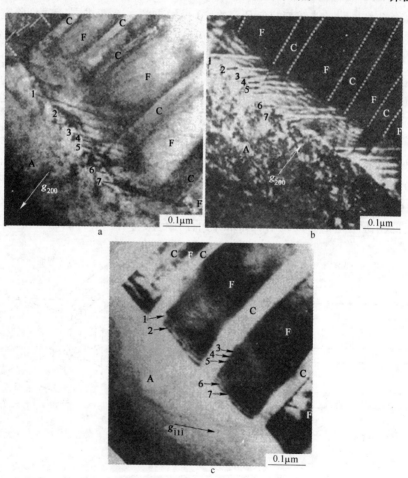

图 4-13   Fe-0.8% C-12% Mn 合金的珠光体及共享台阶[5] (TEM)
(1300℃加热 12 h + 600℃保温 12 h 后淬水)

后淬水处理后,在电镜下观察发现珠光体中存在着共享台阶,可见铁素体和渗碳体组成的珠光体组织按照台阶机制长大。这种高碳高锰钢在珠光体转变结束后,未转变的奥氏体可以稳定地存在于室温,因而,转变前沿的界面上,可避免马氏体相变的干扰。从图4-13a中可以看到呈现片状的铁素体(F)和渗碳体(C)。照片中的虚线表示界面与薄膜样品上下底面的交截线。图4-13b 为$(\overline{200})_\gamma$暗场像,可以看到存在长大台阶,在图4-13b、c中标为1~7。

铁素体和渗碳体依靠共享台阶进行共析共生而协同长大,形成片状珠光体组织。图4-14 为珠光体共享台阶示意图,可见,铁素体和渗碳体享有共同的台面和阶面,在共析共生过程中,共析台阶是个整体,一起向奥氏体中推移长大。这表明珠光体长大前沿界面与奥氏体之间维持着部分共格关系,这与早期提出的珠光体中的铁素体与渗碳体的非共格界面长大学说不同。

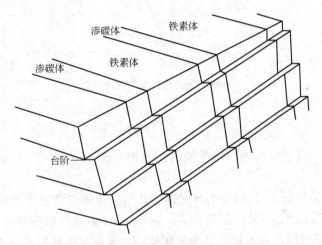

图4-14 铁素体、渗碳体共析的共享台阶示意图

所谓共享台阶机制,是指共析转变产物中的铁素体和渗碳体(或特殊碳化物),在相变前沿界面上存在可移动的生长台阶,该台阶属于两相共有,要求共析两相具有相同的生长速度。共析转变产物通过台阶的侧向迁移而长大。共享台阶模型如图4-15 所示。图4-15a 表示一组平行长大的台阶从右向左运动。长大台阶将不断通过 *ABCD* 平面,使 F/C 界面移动到 *A′B′C′D′* 上,如图4-15c 所示。如果在长大过程中出现一个小干扰,将会在 *O* 点形成阶梯。连续形成阶梯,将使 F/C 界面的形貌呈现明显的片层弯曲的痕迹,如图4-15d 所示。

最后应当指出,共析分解的台阶机制尚有待于不断研究和完善。

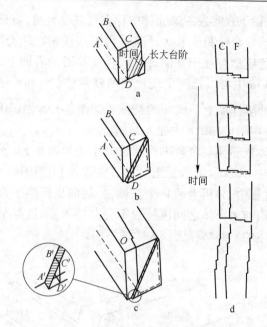

图 4-15　珠光体长大的台阶模型

4.2.4　总结

以上叙述了共析分解的传统学说与新知识,现将珠光体与珠光体转变的主要特征总结如下:

（1）珠光体的新定义:**钢中的珠光体是共析铁素体与共析渗碳体（或碳化物）有机结合的整合组织,不是机械混合物**。同时,提出钢中共析分解的新定义:**过冷奥氏体在 Ar_1 温度同时析出铁素体和渗碳体或合金碳化物两相构成珠光体组织的扩散型一级相变**。

（2）过冷奥氏体在一定过冷度下,将出现贫碳区和富碳区的涨落。加上随机出现的结构涨落、能量涨落,非线性相互作用,属于放大型的因果正反馈作用,它使微小的随机涨落经过连续的相互作用逐级增强,而使原系统（奥氏体）瓦解,建构新的稳定结构（珠光体）,即在贫碳区建构铁素体核胚的同时,在富碳区也建构渗碳体（或碳化物）的核胚,共同组成珠光体的晶核（$F + Fe_3C$）。铁素体和渗碳体两相是同时同步,共析共生,不存在领先相。

（3）珠光体一般在奥氏体晶界形核。晶核在晶界形成时,与奥氏体存在位向关系。F/A、C/A 相界面具有半共格结构。

（4）共析铁素体和共析渗碳体两相与母相奥氏体的相界面是由连续的长大台阶所耦合,两相依靠共享台阶的侧向迁移而长大,共析共生、竞争协同生长。

（5）珠光体转变是过冷奥氏体在高温区的扩散型相变。珠光体的形核长大不单是体扩散，而是以界面扩散为主进行的，加上共享台阶，协同竞争，故珠光体的长大速度也较快。

（6）珠光体有片状珠光体、粒状珠光体、类珠光体等形形色色的形貌。珠光体中的铁素体不存在高密度位错，也没有孪晶亚结构。

4.3 钢中粒状珠光体的形成机理

一般情况下，过冷奥氏体向珠光体转变时总是形成片层状形貌，但是在特定的奥氏体化和冷却条件下，也有可能形成粒状珠光体，如首先奥氏体化温度低，保温时间较短，即加热转变未充分进行，此时奥氏体中存在许多未溶碳化物或微小的高浓度碳富集区，其次是转变为珠光体的等温温度高，等温时间足够长，或冷却速度极慢，都可能使渗碳体成为颗粒状，获得粒状珠光体。

粒状珠光体由铁素体和粒状碳化物组成，碳化物呈颗粒状弥散分布于铁素体基体上。粒状珠光体在力学性能和工艺性能方面有一定优越性。因此，通常希望碳化物不是以片状而是以颗粒状存在，即形成粒状珠光体。

4.3.1 析出相聚集粗化机理

相变的初始，新析出相颗粒往往细小弥散，大小不等。由于颗粒细小而存在大量相界面，界面能较高，因此在加热过程中将发生聚集、长大。比如，共析分解得到的极细珠光体（托氏体）组织，存在大量铁素体/碳化物相界面，系统中储存了大量界面能。据估计[11]，若合金中析出的新相体积分数为5%，且呈颗粒状，颗粒间距为30 nm时，则计算每立方米体积合金中，共有界面面积为10^7 m^2，界面能可达2×10^6 J。高界面能向低界面能转化是热力学的必然趋势，以趋于更加稳定的状态。

设析出相颗粒的平均距离d远大于颗粒直径$2r$，则将发生析出相颗粒的聚集长大。如图4-16所示，设α相中有两个半径不等的相邻β相颗粒，半径分别为r_1和r_2，且$r_1 < r_2$。

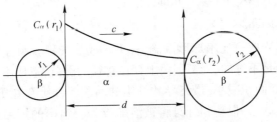

图 4-16　析出相颗粒溶解度示意图

由 Gibbs-Thomson 定律，溶解度与 r 有关，可以用下式表示：

$$\ln \frac{C_\alpha(r)}{C_\alpha(\infty)} = \frac{2\gamma V_B}{KTr} \tag{4-14}$$

式中　　$C_\alpha(r), C_\alpha(\infty)$——分别为颗粒半径为 r 和 ∞ 时的溶质原子 B 在 α 相中的溶解度；

　　　　　γ——界面能；

　　　　　V_B——β 相的克分子体积。

可见，颗粒半径 r 越小，溶解度越大，即有 $C_\alpha(r_1) > C_\alpha(r_2)$。如图中两个 β 颗粒之间的 α 相中将出现浓度梯度。在此浓度梯度作用下，原子将从小颗粒周围向大颗粒扩散，这样就破坏了胶态平衡，为了恢复平衡，小颗粒必须溶解，而大颗粒将长大。这样将导致小颗粒的溶解直至消失，大颗粒将不断长大而粗化。同时，颗粒间距将增加。

新相颗粒在一定温度 T 下随时间 τ 延长而不断长大，C. Z. Wagner 等人推导颗粒平均半径与时间 τ 的关系式为[13]：

$$\bar{r}^3 - \bar{r}_0^3 = \frac{8D\gamma V_B C_{\alpha(\infty)}}{9KT}\tau \tag{4-15}$$

式中　　$\bar{r}_0$——粗化开始时 β 粒子的平均半径；

　　　　　$\bar{r}$——经过时间 τ 粗化后的平均半径；

　　　　　D——B 原子在的 α 相中的扩散系数。

4.3.2　析出相组织的粗化

一般地，条片状、纤维状或杆状的组织具有较高的界面能，在一定温度下也要进行粗化，如奥氏体的分解产物片状珠光体，若在 A_1 稍下等温，将发生聚集球化。这类组织的粗化有三种机制。

4.3.2.1　二维 Ostwald 熟化

纤维状或杆状新相的直径不可能相同，细的将溶解，粗的将增粗，沿长度方向不存在粗化问题，因此称为二维 Ostwald 熟化。

4.3.2.2　Rayleigh 不稳定性

液体圆柱会破碎成一连串球形液滴，称 Rayleigh 失稳。圆柱形新相纤维的直径在长度方向上也是不等的，局部区段上存在直径的涨落，造成不稳定。直径的局部变小，可以使界面面积减小，最终导致纤维的断裂。纤维存在于晶界，在晶界处断裂并逐渐收缩成球，一根新相纤维将被溶解成为一连串的短棒或球，如图 4-17a 所示。

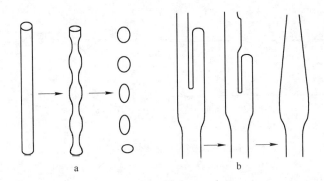

图 4-17 纤维转化为球(a)及分支缺陷的粗化(b)

4.3.2.3 缺陷迁移

纤维状或杆状新相在形成时可能存在分支缺陷,转变时未充分生长,长度有限,其终端呈半球形。按照 Gibbs-Thomson 定律,该终端不断溶解、收缩变短,最后分支缺陷消失,促使相邻纤维不断长大变粗。

工业上常常利用上述原理进行钢的球化退火,获得粒状珠光体组织。

4.3.3 获得粒状珠光体的途径

获得粒状珠光体的途径有三个:第一是在奥氏体 + 渗碳体两相区加热,或加热转变不充分,将这些过冷奥氏体缓冷而得到粒状珠光体;第二是片状珠光体的低温退火球化而获得。第三,也可以通过马氏体或贝氏体组织的高温回火来获得。

4.3.3.1 片状珠光体低温退火

如果原始组织为片状珠光体,将其加热到临界点 A_1 稍下温度长时间保温,片状珠光体能够自发变为粒状珠光体。其原因是,片状珠光体具有较高的表面能,转变为粒状珠光体后系统能量(表面能)会降低,是一个自发的过程。

片状珠光体由共析渗碳体片和铁素体片构成。铁素体与渗碳体亚晶界接触处具有凹陷的沟槽,如图 4-18a 所示。第二相颗粒的溶解度,与其曲率半径有关。沟槽两侧的渗碳体与平面部分的渗碳体相比,具有较小的曲率半径。与沟槽壁接触的固溶体具有较高的溶解度,将引起碳在铁素体中扩散并以渗碳体的形式在附近平面渗碳体上析出。为了保持平衡,凹沟两侧的渗碳体尖角将逐渐被溶解,而使曲率半径增大。这样,破坏了该处的相界表面张力平衡,为了保持这一平衡,凹沟槽将因渗碳体继续溶解而加深,如图 4-18b 所示。如此不断进行,渗碳体片将被溶穿、溶断,最后形成了各处曲率半径相近的球状渗碳体。

因此,在 A_1 温度以下,片状渗碳体的球化过程是通过渗碳体片的断裂、碳原子的扩散进行的。图 4-19 表示了渗碳体片的溶断、球化全过程示意图。

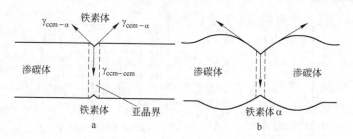

图 4-18　渗碳体片球化机理示意图

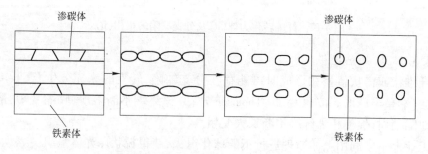

图 4-19　渗碳体片溶断、球化全过程示意图

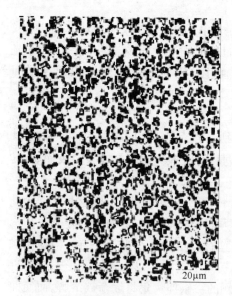

图 4-20　轴承钢粒状珠光体组织

在生产中，GCr15 等轴承钢热轧后往往存在薄而细的渗碳体网，采用 800～820℃退火也可以消除网状，而不必加热到 A_{cm}（900℃）以上正火。这是由于在此温度下，细薄的渗碳体网不断溶断，并且聚集球化，网状分布的特征基本可以消除。工厂中常采用这种工艺进行球化退火[14]。图 4-20 为 GCr15 轴承钢的退火球化组织。由于网状碳化物往往比片状珠光体中的渗碳体片粗，所以球化过程需要较长时间，粗而厚的渗碳体网难以在 A_1～A_{cm} 之间加热时消除，只有加热到 A_{cm} 以上奥氏体化后正火才能破除网状碳化物。

以片状珠光体进行球化，需要碳原子、铁原子具有较高的扩散激活能，这需要很长时间进行退火。

近年来研究表明，球状珠光体有可能在不经历片状亚稳态而直接从过冷奥氏体中以稳态的球状渗碳体析出。在轧制生产中，在较高的应变速率、较大应变条件下，在稍高于 Ar_3 温度的轧制变形可使铁素体晶粒超细化，得到 2 μm 以下的晶粒。

与此同时,变形改变了超细铁素体晶粒周围尚未转变的奥氏体的状态,在随后的冷却或保温退火过程中,奥氏体发生离异共析并使渗碳体粗化,从而实现渗碳体的球化或部分球化。

4.3.3.2　特定条件下过冷奥氏体分解

若使过冷奥氏体分解为粒状珠光体,需要特定的加热和冷却工艺。第一,对钢进行特定的奥氏体化,降低奥氏体化温度,保温较短时间,加热转变不能充分完成,必然存在许多未溶碳化物,成为过冷奥氏体分解时的非自发核心,形成珠光体晶核($F + Fe_3C$);奥氏体成分很不均匀则会存在微小的富碳区,为珠光体形核创造了有利条件。第二,需要特定的冷却条件,即过冷奥氏体分解的温度要高。在 A_1 稍下较小的过冷度下等温,即等温转变温度高,等温时间要足够长,或者冷却速度缓慢。满足上述两个特定条件,就可以使珠光体不以片状形成,而以颗粒状碳化物 + 铁素体共析分解,最终获得以铁素体为基体,其上分布着颗粒状碳化物的粒状珠光体组织。工业上大多数工具钢锻轧材的球化退火都是采用这样的原理和方法。

图 4-21 是 4Cr5MoV1Si 钢 870℃加热,保温,再于 750℃等温,缓冷后得到的粒状珠光体组织。碳化物颗粒尺寸一般为 200～800 nm,分布较为均匀。同时,退火锻轧材获得软化(低于 HB220)。

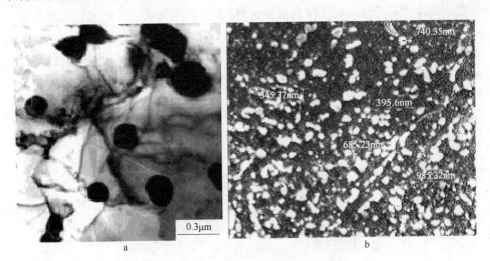

图 4-21　4Cr5MoV1Si 钢球状退火组织(TEM)

4.3.3.3　马氏体或贝氏体高温回火

马氏体和贝氏体组织在中温区回火得到回火托氏体组织,而高温区回火获得回火索氏体组织,进一步提高回火温度至 A_1 稍下保温,铁素体晶粒将可能变为较大的等轴晶粒,细小弥散的碳化物不断聚集粗化,得到较大的颗粒状碳化物,最后也成为球状珠光体组织。

图 4-22 为 P20、H13 钢回火索氏体组织的扫描电镜照片。从图中可以看出，铁素体基体分布着大小不等的碳化物颗粒。图 4-22b 在原始晶界上碳化物颗粒较大，约为 257.81 nm，而细小的碳化物颗粒尺寸约为数十纳米。

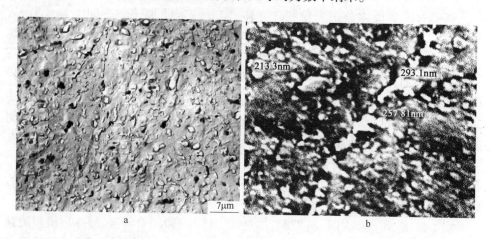

图 4-22　P20 钢的回火索氏体(a)及 H13 钢的回火索氏体(b)(SEM)

应当指出的是，由于合金钢基体 α 相再结晶十分困难，许多合金结构钢、合金工具钢的淬火马氏体或贝氏体高温回火时，难以获得回火索氏体或粒状珠光体组织。回火后铁素体基体仍保持原来的条片状形貌，碳化物颗粒也很细小，这种组织形态应称为回火托氏体。如 718(瑞典钢号)塑料模具钢，淬火得到贝氏体组织，然后于 620℃回火 6 h，仍然得到回火托氏体组织，如图 4-23 所示。从图中仍然可以看到上贝氏体条片状铁素体形貌的痕迹。这类钢只有在更高的温度下回火更长的时间，使碳化物聚集长大成球状和颗粒状，铁素体再结晶，才能获得回火索氏体[15]。

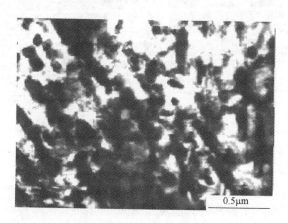

图 4-23　718 塑料模具钢(瑞典)的回火托氏体组织(TEM)

此外,原始的细小片状珠光体组织,即极细片状珠光体(托氏体),可以加快碳化物的球化过程。T10 钢轧锻后,适当加快冷却速度,获得细小的片状珠光体,然后进行球化退火,可获得细小的球化退火组织[16]。这是由于托氏体中的渗碳体片极薄(小于 80 nm),在加热退火过程中,较易于熔断而球化。

4.4 共析分解的特殊形式——相间沉淀

通常,对于工业用钢,碳化物的弥散硬化和二次硬化的利用,都是在调质状态下实现的。20 世纪 60 年代,人们在研究热轧空冷非调质低碳微合金高强度钢时发现,在钢中加入微量的 Nb、V、Ti 等元素能有效提高强度。透射电镜观察表明,这种钢在轧后的冷却过程中析出了细小的特殊碳化物,而不是渗碳体。这种碳化物颗粒,呈不规则分布或点列状分布于铁素体-奥氏体相界面上,因此将这种转变称为相间沉淀(interphase precipitation)。应当指出:所谓相间沉淀组织实质上就是过冷奥氏体共析分解的产物,属于珠光体转变,是共析分解的一种特殊形式。研究这种转变,不仅对非调质钢的强化有实际价值,而且对搞清珠光体和贝氏体转变机理也具有一定意义。

4.4.1 相间沉淀的热力学条件

低碳钢和低碳微合金钢经加热奥氏体化后缓慢冷却,在一个相当大的冷却速度范围内,将转变为先共析铁素体与珠光体。对于含 Nb、V、Ti 等强碳化物形成元素的低碳微合金钢,从奥氏体状态缓慢冷却时,除形成铁素体外,还析出特殊碳化物(如 VC、NbC、TiC、NbNC 等),即发生所谓相间沉淀。它是过冷奥氏体分解形成铁素体 + 特殊碳化物组成的整合组织。

如图 4-24 所示,当温度高于 T' 时,只有奥氏体是最稳定的;在温度 $T' \sim A_1$ 之

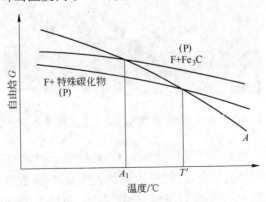

图 4-24 奥氏体和珠光体自由焓与温度的关系

间,奥氏体的自由焓比 F + 特殊碳化物的高,只能分解为铁素体 + 特殊碳化物;当温度低于 A_1 时,F + 渗碳体的自由焓和 F + 特殊碳化物的自由焓均低于奥氏体的自由焓。这时,由于铁原子浓度比合金元素的浓度高得多,首先形成铁素体 + 渗碳体的共析体。如果在该温度经过一定时间保温,亚稳的渗碳体将最终转变为特殊碳化物,这是由于特殊碳化物比渗碳体更稳定,系统具有更低的自由焓。这种碳化物颗粒很小,直径约为 5 nm,呈不规则分布或点列状分布。

以往认为,相间沉淀是由于相变过程中特殊碳化物在铁素体/奥氏体界面上呈周期性沉淀的结果。实质上,它是在铁素体基体上分布着极为细小弥散的特殊碳化物颗粒,是珠光体组织的一种特殊形貌,属于过冷奥氏体进行的珠光体转变,是在特殊成分、特定的冷却条件下的一种共析分解方式,即伪共析。

4.4.2 相间沉淀产物的形态

相间沉淀实际上是共析分解的一个特例。其晶核同样是两相,即 F + MC,本质上是珠光体转变,发生在贝氏体相变温度的上边,过冷度较大,故奥氏体共析分解产物较细,属于伪共析转变。

相间沉淀产物中的碳化物颗粒极为细小,在光学显微镜下难以观察到,只有借助电子显微镜才能进行观察,碳化物一般呈不规则分布,但有时呈现点列状规则分布。如图 4-25 所示的电镜照片,是 35MnVN 钢经过锻热正火,得到 V_4C_3、VN 颗粒在铁素体基体上点列状分布的情况。

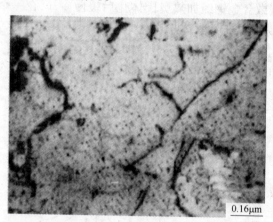

图 4-25 V_4C_3 颗粒在铁素体基体上点列状分布[17]

对于含钒非调质钢的研究发现,VC(V_4C_3 是碳原子缺位的 VC)在铁素体基体上多呈细小颗粒状不规则分布,有时呈短棒状。图 4-26 所示为 0.29% C、0.88% V 钢试样经 1000℃加热后正火的 TEM 像,由图 4-26a 可以看出,VC 颗粒细小弥散在铁素体基体上,分布无规则,没有规律。图 4-26b 为其 TEM 的暗场像,白亮点为 VC

（V_4C_3）颗粒。

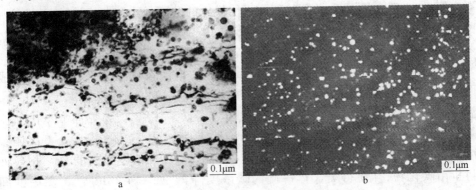

图 4-26 VC 颗粒在铁素体基体上不规则分布

当碳含量增加，特殊碳化物元素量也增加时，特殊碳化物总量增加。冷却速度增大时，碳化物颗粒的尺寸与列间距均减小。非调质高强度钢利用碳化物颗粒的弥散析出，提高钢的强度，碳化物颗粒尺寸越小，铁素体晶粒越细，钢的强度越高。

低碳钢在形变诱导情况下，渗碳体也可以发生相间沉淀。试验将 0.087% C、0.25% Si、0.51% Mn、0.017% Nb、0.35% Cu、0.021% RE 钢试样，采用 Gleeble 2000 试验机，升温到 1177℃，保温 3 min，然后，冷却到 780℃，进行压缩变形，变形后立即水淬火。电镜观察发现渗碳体（Fe_3C）相间沉淀。如图 4-27 所示。从图中可见，渗碳体颗粒成排析出，分布在铁素体基体上，这本质上就是珠光体组织，仅仅是渗碳体颗粒没有连接成片状而已。

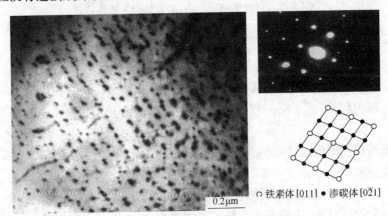

○ 铁素体 [011] ● 渗碳体 [0$\bar{2}$1]

图 4-27 渗碳体相间沉淀（TEM）和衍射花样标定[18]

4.4.3 相间沉淀机制

相间沉淀实质上是奥氏体共析分解为珠光体的过程，是铁素体 + 碳化物（VC、

NbC 等)共析共生的过程。由于合金元素 V、Nb、Ti 含量低,原子扩散速度慢,扩散距离短,加之碳含量也低,单位体积中可能供给的碳原子数量少,不能长大成较大的片状碳化物,而呈现细小颗粒或点列状分布。随着特殊碳化物的形成,与铁素体基体共析共生,不断向前生长。

以往的书籍中,对于相间沉淀过程的描述,把铁素体和碳化物的沉淀分成两步,即低合金钢奥氏体化后,迅速冷却到 A_1 以下,贝氏体形成温度以上,恒温保持,首先在奥氏体晶界上形成铁素体。在铁素体/奥氏体界面上奥氏体一侧,铁素体析出使得碳浓度升高,如图 4-28a 所示。由于 γ/α 相界处奥氏体碳浓度增高,铁素体的继续长大受到了抑制。这时,在碳浓度最高的 γ/α 相界处将析出碳化物,并使得奥氏体一侧的碳浓度降低,如图 4-28b 所示,图中的间断线代表析出的碳化物颗粒。由于碳化物析出增大了驱动力,使铁素体继续向奥氏体长大,界面向 γ 推移,γ/α 相界面推进的驱动力是相界面两侧的化学自由能之差。

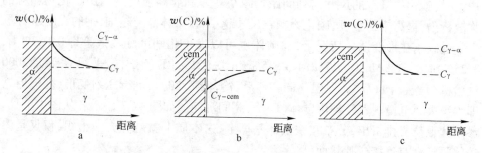

图 4-28　伴随碳化物析出,铁素体向奥氏体推进
a,c—铁素体析出后,奥氏体中碳浓度分布;b—碳化物析出后,奥氏体中碳浓度分布

这种学说沿袭了传统的珠光体形核长大机制,值得商榷。上已叙及,珠光体转变不完全是体扩散,而是以界面扩散为主,尤其是相间沉淀发生在贝氏体相变温度以上,Ar_1 温度较低,原子的扩散主要是界面扩散过程,并且界面迁移过程不是非共格的。

与前面提到的珠光体台阶长大机制一样,相间沉淀过程也可按图 4-29 中的台阶长大模型来描述。由 F + MC 组成的珠光体晶核在 γ_1/γ_2 晶界处形核,然后在纵、横两个方向上按台阶机制协同竞争长大。

要发生相间沉淀,溶质原子在新相基体中(α 相)具有比旧相基体(γ 相)更大的扩散能力。相同温度下,一般的溶质原子在 α 相中的扩散系数比在 γ 相中的扩散系数约大 100 倍,所以,在 $\gamma \rightarrow \alpha$ 相变时,相界面处原基体相一侧的溶质原子浓度将高于 α 相中的溶质浓度,这时碳化物的长大促进了 α 相继续向 γ 相长大。这说明,相间沉淀是铁素体和碳化物共析共生的过程,同时受溶质原子在 α 相中的扩散

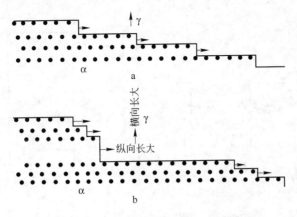

图 4-29　相间沉淀台阶长大示意图

过程控制。

　　相间沉淀颗粒的尺寸以及沉淀列间距主要受溶质原子扩散和相变驱动力的控制,也即主要受相变温度或冷却速度的控制。相变温度越低,相变驱动力越大。相界停止运动后,较短的一段时间内就将又一次跃迁。相界面停止运动的时间短,原子扩散时间短,温度低,扩散距离短,因而沉淀颗粒小,沉淀列间距小。但是,当相变温度太低时,相间沉淀也会被抑制。

　　相间沉淀出的碳化物颗粒与铁素体具有一定的晶体学位向关系,如等温沉淀的 VC,有如下位向关系[19]:

$$\{100\}_{vc}//\{100\}_{\alpha}; \qquad \langle 110 \rangle_{vc}//\langle 100 \rangle_{\alpha}$$

对于连续冷却沉淀的 V_4C_3,其位向关系为:

$$(100)_{V_4C_3}//(100)_{\alpha}; \qquad [010]_{V_4C_3}//[011]_{\alpha}$$

　　这说明相间沉淀的碳化物是按共格或半共格关系与铁素体相互配合,共析共生,竞争协同长大。

　　图 4-30 是按照共析分解机制形成相间沉淀产物的示意图。图 4-30a 表示在过冷奥氏体 γ_1/γ_2 的界面上,由于涨落形成贫碳区和富碳区;图 4-30b 表示形成珠光体晶核(F + MC),MC 的长大需要大量的合金元素原子,但是由于这类原子含量低,而且扩散慢,因此,不可能长大成片状,只能长大为细小的颗粒(如果条件允许,可能长成短棒状),而铁素体的相对量较大,故长大并且包围了 MC 颗粒,如图 4-30c 所示;最后转变为图 4-30d 所示的组织形貌。碳化物颗粒的分布状况要视转变温度、奥氏体中的化学成分而定,同时与电镜衍射观察角度有关。

　　总之,相间沉淀是珠光体转变的一个特例,其产物形貌与片状珠光体不同,但本质上就是珠光体组织的一种,因此,转变机制与共析分解理论是一致的。

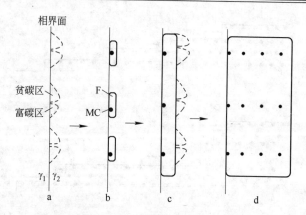

图 4-30   相间沉淀的共析分解示意图

4.5   先共析铁素体的析出

亚共析钢中的珠光体转变情况,与共析钢基本相似。但是,亚共析钢在退火或正火时,会发生先共析铁素体析出,进行所谓的伪共析转变,获得铁素体 + 珠光体组织,或伪珠光体组织。

4.5.1   亚共析钢中先共析铁素体的析出

图 4-31 是 Fe-Fe$_3$C 状态图的左下角,图中 SG' 为 GS 的延长线,SE' 为 ES 的延长线。可见,GSG' 和 ESE' 两条线将相图的左下角划分为四个区域:即 GSE 围成的

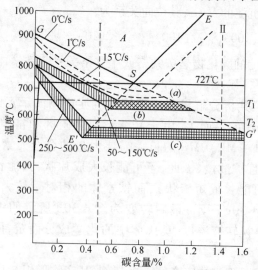

图 4-31   先共析和伪共析区示意图

区域是奥氏体单相区;$G'SE'$三角区域是共析区和伪共析区;GSE'包围的区域为先共析铁素体析出区;ESG'包围的区域是先共析渗碳体析出区。

从图中可见,亚共析钢奥氏体化后被冷却到 GS 线以下,SE' 线以上时,将有先共析铁素体析出。析出的先共析铁素体的量决定于奥氏体的碳含量和析出温度(或冷却速度)。碳含量愈高,冷速愈大,析出温度愈低,析出的先共析铁素体量愈少。金相观察先共析铁素体的形态,有网状、块状(或称等轴状)和片状三种。

先共析铁素体的析出也是一个形核长大的过程。在孕育期内,过冷奥氏体晶界区依靠浓度涨落形成贫碳区,先共析铁素体的晶核就在奥氏体晶界形成。图 4-32 所示为 20CrMo 钢于 950℃加热奥氏体化,在 650℃等温 2 s,立即在水中淬火得到的组织。可见,少量铁素体在奥氏体晶界形核并迅速长大,首先沿晶界长大,然后向晶内加厚。但是,也有长大成块状的,如图 4-33 所示,在奥氏体晶界上析出块状的先共析铁素体。图中所示的板条状马氏体是未转变的过冷奥氏体在淬火冷却过程中转变的。

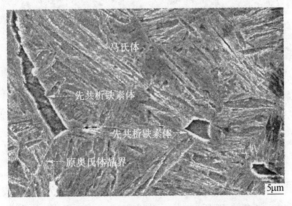

图 4-32　20CrMo 钢先共析铁素体在晶界形核(SEM)

图 4-33　20CrMo 钢初生的先共析铁素体块的尺寸(SEM)

　　研究表明,铁素体晶核与一侧的奥氏体晶粒存在 K-S 关系,但与另一侧的奥氏体晶粒则无位向关系。铁素体晶核形成后,与铁素体晶核相接的奥氏体碳浓度将增加,在奥氏体内形成浓度梯度,从而引起碳的扩散。为了保持相界面碳浓度平衡,即恢复界面奥氏体高的碳浓度,必须从奥氏体中继续析出低碳的铁素体,从而使铁素体晶核不断长大。

　　从图 4-34 可以看出,晶核在奥氏体晶界上形成,接着向一侧长大,如图中箭头所示,铁素体向奥氏体 A2 晶粒中长大,而不向 A1 方向长大。从左下角可见,铁素体从晶界向一侧呈片状长大。这说明铁素体/奥氏体界面只向一侧迁移较为容易,即只向一侧的奥氏体晶内长大,这与界面性质和位向有关。

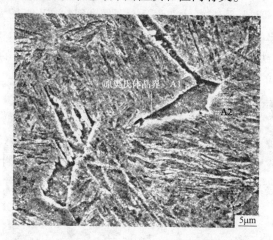

图 4-34　铁素体晶核长大加厚方向(SEM)

　　在平衡冷却的情况下,亚共析钢中首先析出等轴状的先共析铁素体晶粒,而碳原子则离开铁素体扩散进入奥氏体中。当奥氏体达到共析成分时,将转变为珠光体,从而获得铁素体＋珠光体的整合组织。图 4-35 为 35CrMo 钢退火后得到的先

图 4-35　35CrMo 钢的退火组织(SEM)

共析铁素体 + 珠光体的扫描电镜照片。

当奥氏体晶界上的铁素体晶核长大并相互接触连成网时，剩余的奥氏体中碳浓度可能已增加到接近共析成分，进入 $G'SE'$ 三角区域（图 4-31），这里是伪共析区，奥氏体将通过共析分解转变为珠光体组织，形成了先共析铁素体呈网状分布的 F + P 组织形态。图 4-36 为 T7 钢的轧态组织，可以看出，先共析铁素体呈网状分布。

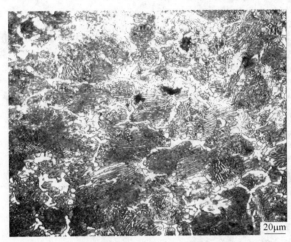

图 4-36　T7 钢的轧态组织，网状先共析铁素体 + 珠光体，OM

如果原奥氏体的碳含量较低，当先共析铁素体析出时，单位体积内需要排出的碳原子数较少，受碳原子在奥氏体中扩散所控制的非共格界面的迁移会更加容易，另外，先共析铁素体的量也较多，先共析铁素体可以长入奥氏体晶粒内部，同样，尚未转变的被碳富化了的奥氏体在进入 $G'SE'$ 三角区域后（图 4-31）也将转变为珠光体，最后形成先共析铁素体呈块状（等轴状）分布的组织形态。

4.5.2　先共析铁素体的析出速度

先共析铁素体的形核与长大是 $\gamma \rightarrow \alpha$ 的相变过程，是一个扩散过程，受碳原子从 γ/α 相界面扩散离去，进入奥氏体中的影响；也受铁原子自扩散和合金元素的影响。先共析铁素体析出时，除了奥氏体形成元素 Ni、Mn 外，不发生合金元素在 γ 和 α 两相之间的重新分配。由于 Ni、Mn 在先共析铁素体析出时，要重新分配到奥氏体中去，建立局部相平衡，因此 Ni、Mn 在奥氏体中的扩散就影响了先共析铁素体的析出速度。

对于 Fe-C 合金，按照扩散长大规律可以推导先共析铁素体的长大线速度。图 4-37 所示为成分为 C_γ 的奥氏体析出 C_α 的先共析铁素体，在 α/γ 界面处与 α 相平衡的奥氏体的成分由 C_γ 升高为 $C_{\gamma-\alpha}$。试验观察，铁素体相在相界面处析出，然后

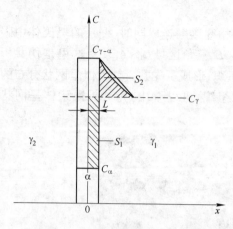

图 4-37 铁素体片侧向长大示意图

向晶内长大,如 α/γ 界面为非共格,长大受碳原子在奥氏体中的扩散(按体扩散)所控制,则可以导出相界面推移速度。

如图所示,设 α/γ 界面在 dτ 时间内由于碳原子扩散进入奥氏体中,通过单位面积向前沿 x 轴推进 dL,则新相 α 新增体积 $dL \times 1 = dL$,扩散离去的碳原子的量 dm_1:

$$dm_1 = (C_{\gamma-\alpha} - C_\alpha)dL \quad (4\text{-}16)$$

根据 Fick 第一定律,扩散到奥氏体中的碳原子量 dm_2 为:

$$dm_2 = D\left(\frac{dC}{dx}\right)d\tau \tag{4-17}$$

式中 D——碳原子在奥氏体中的扩散系数;

$\left(\dfrac{dC}{dx}\right)$——界面处碳原子在奥氏体中的浓度梯度。

平衡时, $dm_1 = dm_2$

故: $$(C_{\gamma-\alpha} - C_\alpha)dL = D\left(\frac{dC}{dx}\right)d\tau$$

整理,得移动速度 v:

$$v = \frac{dL}{d\tau} = \frac{D}{C_{\gamma-\alpha} - C_\alpha}\left(\frac{dC}{dx}\right) \tag{4-18}$$

图 4-37 中的面积 S_1 相当于铁素体所减少的碳原子的数量,面积 S_2 相当于奥氏体增加的碳原子数量。显然, $S_1 = S_2$。通过简化、运算得长大速度 v:

$$v = \frac{C_\gamma - C_{\gamma-\alpha}}{2(C_\alpha - C_{\gamma-\alpha})}\sqrt{\frac{D}{\tau}} \tag{4-19}$$

由此可见,铁素体的长大速度 v 不是恒速的, v 与原子的扩散系数 D 及时间 τ 有关,扩散系数越大,长大速度越大,呈非线性关系;时间越长,长大速度越小,是随时间的延长而变慢。

碳原子在奥氏体和铁素体中的扩散速度都很快,而铁原子和替换原子的扩散速度比碳原子扩散慢得多。根据 $D = D_0\exp\left(-\dfrac{Q}{RT}\right)$,计算在 650℃,碳原子在 γ-Fe 中的扩散系数,取 $D_0 = 0.738 \text{ cm}^2/\text{s}$,扩散激活能 $Q = 158.98 \text{ kJ/mol}$。代入上式,计算得碳原子在 γ-Fe 中的扩散系数 $D_c^\gamma = 7.38 \times 10^{-10} \text{ cm}^2/\text{s}$;同样,计算在 650℃,铁原子在 γ-Fe 中的自扩散系数,取 $D_0 = 1.8 \times 10^{-5} \text{ m}^2/\text{s}$,扩散激活能 $Q = 270 \text{ kJ/mol}$,

代入上式,计算铁原子在 γ-Fe 中的自扩散系数 $D_{Fe}^{\gamma\text{-Fe}} = 9.29 \times 10^{-17}$ cm²/s。可见,两个扩散系数 D_c^γ 和 $D_{Fe}^{\gamma\text{-Fe}}$ 相差 7 个数量级,这说明在先共析铁素体的析出或珠光体转变的过程中,铁原子的自扩散和替换原子的扩散速度是控制相变速度的主要因素。虽然先共析铁素体的形成需要碳原子扩散离去,但是,由于碳原子的扩散速度太快了,不需要考虑碳原子的扩散速度对共析分解相变速度的影响。因此,应用式(4-19)计算先共析铁素体的长大速度时,应当考虑代入铁原子的扩散系数。

取奥氏体中铁的含量 $C_\gamma = 99.8\%$,与铁素体保持平衡的奥氏体的铁含量为 $C_{\gamma\text{-}\alpha} = 99.1\%$,铁素体中的铁含量为 $C_\alpha = 99.98\%$。将上述各值一并代入式(4-19)计算,整理得长大速度约为 $v = 2.7 \times 10^{-2}$ nm/s。此计算值是按照体扩散数据计算的,显然长大速度很慢。

前面已经阐明,沿着界面扩散,是扩散的快速通道。因为这些部位的扩散激活能远较点阵中小,其扩散系数也比点阵内部大得多,在 $0.5T_M$(T_M 为金属的熔点)以下要高 10^6 倍以上。奥氏体晶界的自扩散系数远远大于晶内的自扩散系数。理论上在 650℃ 等温,先共析铁素体在晶界形核并长大,主要依靠界面扩散。因此,按照晶界扩散系数进行计算。取晶界扩散系数 $D_{Fe}^{\gamma\text{-Fe}} = 9 \times 10^{-10}$ cm²/s。计算得先共析铁素体长大速度 $v = 86$ nm/s。显然,比按照体扩散的计算值大 3 个数量级。

将 20CrMo 钢试样于 950℃ 加热奥氏体化,然后在 650℃ 等温,观测先共析铁素体沿晶界析出的情况。等温转变时间 $\tau = 2$ s。测得先共析铁素体沿着奥氏体晶界生长的平均速度为 2005 nm/s,向晶内生长的增厚速度为 968 nm/s。此实测值与计算值相比较,比按照界面扩散的计算值还要大,即实际上长大速度很快。这除了计算测量误差以外,还应当考虑铁素体中扩散的影响,因为在相变过程中,铁素体中同时也有扩散发生,而且原子在铁素体中的扩散比在奥氏体中的扩散速度快得多。

通过计算和实测,基本上可以说明先共析铁素体的析出不是按照体扩散机制形核长大的,而是按照界面、位错等快速扩散通道进行扩散而形核长大的。

4.5.3　魏氏组织铁素体的形成

先共析铁素体的长大可以通过另一种机制来完成。随着相变温度的降低,相变驱动力随之增加,但铁原子和替换原子长程扩散变得困难,故使非共格界面不易迁移,而共格界面迁移则成为主要的。因此铁素体晶核将通过共格界面向与其有位向关系的奥氏体晶粒内长大。为减少弹性能,铁素体将呈条片状沿奥氏体某一晶面向晶粒内伸长。从图 4-38 可见,20CrMo 钢中,先共析铁素体沿着原奥氏体晶界析出并以片状向一侧的奥氏体晶内长大。

魏氏组织铁素体片的惯习面为 $\{111\}_\gamma$。由于同一奥氏体晶粒内的 $\{111\}_\gamma$ 晶面或是相互平行,或是相交一定角度,所以片状铁素体常常呈现为彼此平行,或互成 60°、90° 夹角。有时可能是由于析出开始时温度较高,最先析出的铁素体沿奥氏

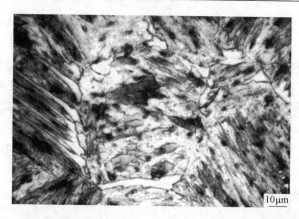

图 4-38　先共析铁素体沿晶界析出,并向一侧的奥氏体晶内长大(OM)

体晶界成网状,随后温度降低,再由网状铁素体的一侧以片状向晶粒内长大。通常将这种先共析片状铁素体称为魏氏组织铁素体。图 4-39 为亚共析钢的魏氏组织。

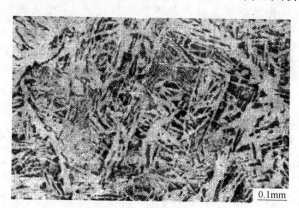

图 4-39　亚共析钢中的魏氏组织[20]

　　魏氏组织铁素体形成时还将在磨光的表面上产生浮凸现象。

　　先共析铁素体的形态,除受形成的温度影响外,还受钢的化学成分影响。先共析铁素体的形态首先决定于钢的碳含量。当碳含量大于 0.4% 时,主要形成网状铁素体,难以形成片状铁素体。碳含量低于 0.2% 时,主要形成块状铁素体。碳含量为 0.2% ~ 0.4% 时,则可形成魏氏组织铁素体。当钢料成分一定时,铁素体形态决定于相变温度,即等温温度及连续冷却时的冷却速度。魏氏组织铁素体只能在一定范围的冷却速度下形成,过慢或过快的冷却速度都将会抑制它的形成。

　　魏氏组织铁素体的形成还与原奥氏体晶粒的大小有关,粗大的奥氏体晶粒将促进魏氏组织铁素体的形成。

　　魏氏组织实际上是一种先共析转变的组织。亚共析钢的魏氏组织是先共析铁素体在奥氏体晶界形核呈方向性片状长大,即沿着母相奥氏体的$\{111\}_\gamma$晶面(惯习面)析出。一般为过热组织,是过热的奥氏体组织在中温区的上部区转变为向晶内生长的条片状的铁素体和极细的片状珠光体(托氏体)的整合组织。

亚共析钢的魏氏组织铁素体(WF)是钢在较低温度下(Ar_3)形成的一种片状产物。通常,WF 在等轴铁素体形成温度之下、贝氏体形成温度以上,当奥氏体晶粒较大,以较快速度冷却时形成的。

魏氏组织铁素体(WF)形成时存在明显的碳原子的扩散,符合扩散形核长大规律。当奥氏体转变为 WF 时,体积发生膨胀,故具有表面浮凸现象。魏氏组织新旧相具有晶体学位向关系(K-S 关系)。

合金元素对先共析铁素体的析出具有明显的影响。先共析铁素体的形核和长大既受 $\gamma \rightarrow \alpha$ 转变的影响,又受碳从正在长大的 α 相界面前端扩散离去的影响。α 相界前沿奥氏体中的碳原子必须向远处长距离扩散,才能有利于先共析铁素体的长大。实验表明,钨钢中先共析铁素体长大过程的激活能为 140 kJ/mol,相当于碳在含钨奥氏体中扩散激活能。这说明碳原子从先共析铁素体和奥氏体相界面向奥氏体中扩散,是先共析铁素体长大的控制因素。碳化物形成元素钨、钼、铬等增大碳在奥氏体中的扩散激活能,从而减慢先共析铁素体的形核和长大。

先共析铁素体转变中,除强奥氏体形成元素镍和锰外,不发生合金元素在 γ 和 α 相间的重新分配。镍和锰在先共析铁素体析出时,要重新分配进入奥氏体中,并建立局部平衡。由于先共析铁素体析出受到镍和锰在奥氏体中扩散的控制,因而析出过程被推迟并减慢。

4.5.4　伪共析转变

由图 4-30 可见,亚共析碳素钢自奥氏体区缓冷下来时,将沿 GS 线(A_3)析出先共析铁素体。随着先共析铁素体的析出,奥氏体的碳含量逐渐向共析成分接近,最后具有共析成分的奥氏体将在 A_1 以下共析分解,转变为珠光体组织。对于过共析碳素钢,随着温度的降低,奥氏体冷却到 A_{cm} 以下时,将析出先共析渗碳体。

如果将亚共析钢和过共析钢自奥氏体区以较快速度冷却,在先共析铁素体,或先共析渗碳体来不及析出的情况下,奥氏体被过冷到图 4-31 的 ES(GS)的延长线 SE′,(SG′)以下,因为 ESE′(GSG′)为渗碳体在奥氏体中的溶解度曲线,故低于 ESE′(GSG′)时,将自奥氏体中析出渗碳体(铁素体)。所以,如果将亚共析钢(过共析钢)的奥氏体过冷到 SE′(SG′)稍下,则将自奥氏体中同时析出铁素体和渗碳体两相。亦即非共析成分的奥氏体被过冷到 E′SG′ 三角区后,可以不析出先共析相而直接分解为铁素体和渗碳体的整合组织。分解机制和分解产物的组织特征与珠光体转变完全相同,但伪珠光体中的铁素体和渗碳体的相对量则与平衡状态下的珠光体不同。奥氏体的碳含量愈高,伪珠光体中的渗碳体量愈多,所以这一转变被称为伪共析转变,转变产物是伪珠光体。工业生产中,仍然称其为珠光体组织。

图 4-40 为 42CrMo 钢经锻造空冷得到的先共析铁素体 + 伪珠光体的整合组织。伪珠光体的片间距往往非常细小,珠光体片层薄,在光学显微镜下为发黑的区域,称索氏体或托氏体。42CrMo 钢退火组织中,先共析铁素体应占 45% 左右,从图中可见,先共析铁素体的相对量减少,珠光体量较多。

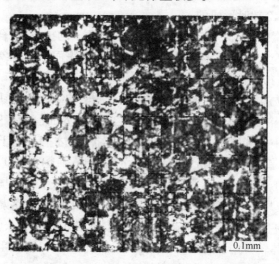

0.1mm

图 4-40　42CrMo 钢铁素体 + 伪珠光体组织(OM)

高碳钢热轧盘条,用于生产冷拔钢丝,制造钢丝绳、钢绞线等产品。如果在冷拔过程中不容易发生拉断现象,表明其冷拔性能优良,为此,高碳钢盘条应当具有索氏体组织。

图 4-41 是高碳钢盘条轧态组织的电镜照片,实测片间距约为 $S_0 = 130 \sim 200\,\text{nm}$,为索氏体组织。但是,有少量先共析铁素体呈网状沿奥氏体晶界析出,不

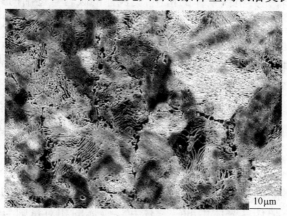

10μm

图 4-41　高碳钢盘条的轧态组织(SEM)

利于冷拔,因此,最好获得单一的索氏体组织。为了赋予热轧盘条良好的冷拔性能,轧后通过控制冷却,用穿水、风冷等操作得到索氏体组织,实际上是细片状的伪珠光体。

4.6 先共析碳化物的析出

过共析钢加热到 A_{cm} 温度以上,经保温获得均匀的奥氏体后,再缓慢冷却或在 $A_1 \sim A_{cm}$ 之间等温,将从奥氏体中析出渗碳体,称二次渗碳体,或先共析渗碳体。先共析渗碳体的形态,可以是粒状、网状和针(片)状。

奥氏体缓慢冷却到 $A_1 \sim A_{cm}$ 温度之间,即在 ES 线(图 4-31)以下,成为碳在奥氏体中的过饱和固溶体,这时奥氏体在热力学上是不稳定的,将发生脱溶,析出渗碳体,这是一个脱溶过程,或者称沉淀。脱溶是固溶处理的逆过程。脱溶相中的碳原子含量高于母相(奥氏体)的脱溶,称为正脱溶。而 4.5 节介绍的先共析铁素体的析出称负脱溶。图 4-42 为 9Cr2Mo 钢退火得到的金相组织,可以看到沿晶界分布着含铬的合金渗碳体网,奥氏体晶内粗细不等的片状珠光体,以及大颗粒状未溶碳化物。

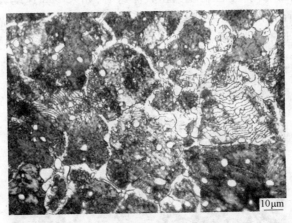

图 4-42　9Cr2Mo 轧辊钢退火得到的网状碳化物组织(OM)

过共析钢在 $A_1 \sim A_{cm}$ 温度之间加热保温,得到奥氏体 + 碳化物两相,然后缓慢冷却,可以获得粒状珠光体组织。5Cr5MoV1Si 钢中由于加入 7% 左右的合金元素,铁碳相图中共析点将向左移,实际上已经成为过共析钢,在 850 ~ 1050℃ 温度加热奥氏体化时,存在剩余碳化物(Cr_7C_3)。这种模具钢锻轧材在退火时,以剩余碳化物为非自发核心,形成颗粒状碳化物,分布在铁素体基体上。图 4-43 为 5Cr5MoV1Si 合金模具钢中的球化退火组织,可以看出,铁素体基体存在着大量细小的 Cr_7C_3 颗粒。图 4-43a 表明,碳化物沿晶界呈网状分布[20]。

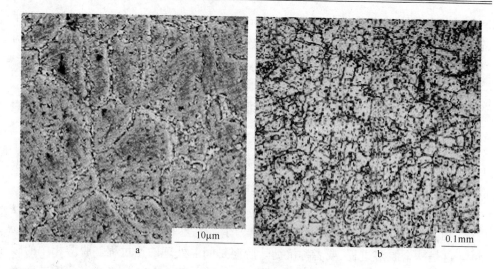

图 4-43　5Cr5MoV1Si 钢的退火组织

a—SEM 照片；b—OM 照片

　　过共析钢在 A_{cm} 温度以上的奥氏体单相区加热,若加热温度高,保温时间长,则奥氏体成分会较为均匀,晶粒也较为粗大。这时,如果冷却速度较快,则渗碳体可能以针(片)状析出,得到先共析渗碳体魏氏组织。由图 4-44 可见,渗碳体在奥氏体晶界形成,并且向晶内呈针状长大。

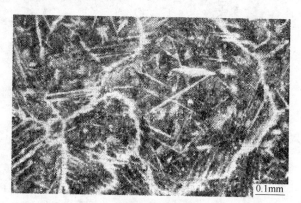

图 4-44　过共析钢中的魏氏组织[20]

　　图 4-45 为含有 0.69% C、0.90% Mn 的钢轨钢的魏氏组织,从图 4-45a 可见,首先在奥氏体晶界上析出渗碳体,然后从晶界渗碳体上再次形成渗碳体晶核,最后沿着有利的晶面向晶界一侧或两侧以片状渗碳体的形式向晶内长大。当冷却到 Ar_1 以下时,剩余的奥氏体则转变为片状珠光体组织。从图 4-45b 可见,晶内渗碳体有单根针状和平行排列的渗碳体片,单根渗碳体针和平行排列的渗碳体有不同的位向,说明渗碳体与奥氏体之间存在着晶体学关系。

从图 4-45b 还可见看出,先共析渗碳体还可以在夹杂物与奥氏体的界面上形核,或者说夹杂物为促进渗碳体析出的非自发核心,向夹杂物周围长大为针状渗碳体。

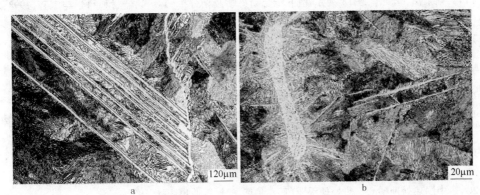

图 4-45　0.69% C、0.90% Mn 钢的魏氏组织(OM)[18]

a—渗碳体在晶界形核;b—渗碳体在夹杂物上形核

当过共析钢得到网状渗碳体或针(片)状渗碳体时,钢的塑性会降低,脆性会增加。因此,在过共析钢中,许多高碳工具钢的锻轧材、锻造毛坯进行退火时,其加热温度应选择在 A_{cm} 温度以下。对于已经产生网状或针状碳化物的钢件,为了消除这种缺陷,需要加热到 A_{cm} 温度以上,保温足够的时间,使碳化物充分溶入奥氏体中,然后快速冷却,如正火处理,使先共析渗碳体来不及析出,当冷却到 Ar_1 温度以下(进入伪共析区),转变为伪共析组织。之后再球化退火,使碳化物颗粒均匀分布于铁素体基体,从而为淬火加热做组织准备。

参 考 文 献

[1]　陈昌曙. 自然辩证法概论新编[M]. 沈阳:东北大学出版社,1997:108~200.

[2]　刘云旭. 金属热处理原理[M]. 北京:机械工业出版社,1981:39~70.

[3]　Kaufman L, Radcliffe S V, Coheh M. Deco. of Aust. By Diff. Proc. , Interscience, New York, 1962:313.

[4]　方鸿生,王家军,杨志刚,李春明,薄祥正,郑燕康. 贝氏体相变[M]. 北京:科学出版社,1999:80~120.

[5]　Hackney S A ,Shiflet G J. Acta Metall. ,1987,35:1007~1019.

[6]　林慧国,傅代直. 钢的奥氏体转变曲线[M]. 北京:机械工业出版社,1988:225~240.

[7]　刘宗昌. 材料组织结构转变原理[M]. 北京:冶金工业出版社,2006.

[8]　刘宗昌. 钢的系统整合特性[J]. 钢铁研究学报,2002,14(5):35~41.

[9]　刘宗昌. 钢中相变的自组织[J]. 金属热处理,2003,28(2):13~17.

[10]　Sundquist B E. Acta Met. ,1968,16.1413.

[11]　陈景榕,李承基. 金属与合金中的固态相变[M]. 北京:冶金工业出版社, 1997:2~152.

[12]　R. W. 卡恩. 物理金属学[M]. 北京:科学出版社,1985.

[13]　Wagner C Z. Elektrochemic,1961,65:581.

[14]　刘宗昌,李文学. H13 钢 A_1 稍下转变动力学及相分析[J]. 兵器材料科学与工程,1998,3:33~36.

[15]　刘宗昌,高占勇,马党参,孙久红. 718 塑料模具钢的组织及预硬化[J]. 特殊钢,2002,23,2:43~46.

[16]　王晓沛. T10 钢原始组织对球化退火组织的影响[J]. 金属热处理,1996,12:3~6.

[17]　Morrison W B. J. Iorn and Steel Inst,1963,201:317.

[18]　钢铁研究总院结构材料研究所. 钢的微观组织图像精选[M]. 北京:冶金工业出版社,2009.

[19]　Christian J W. The Theory of Transformations in Metal and Alloys[M]. Pergamon Press,1965:472~481.

[20]　中国热处理学会. 热处理手册(2). 北京:机械工业出版社,1992.

5 珠光体转变动力学

过冷奥氏体共析分解为珠光体组织是通过形核长大方式进行的。转变速度取决于珠光体的形核率和线长大速度,理论上,珠光体的等温形成过程可以用 Johnson-Mehl 方程和 Avrami 方程来描述,但与实际不够符合。本章将叙述珠光体分解的形核率和长大速度,并讨论动力学曲线和动力学图,阐述退火用 TTT 图及其实际应用。

5.1 过冷奥氏体转变动力学图

5.1.1 等温转变图

过冷奥氏体转变动力学曲线可以采用金相法、膨胀法、磁性法、电阻法等方法测定。现在常用膨胀仪测定钢的临界点、等温转变动力学曲线和等温转变图,即TTT 图。

应用 ForMaster-Digitol 全自动相变膨胀仪,测定了 35Cr2Mo 塑料模具钢的过冷奥氏体等温分解动力学曲线,图 5-1 绘出了不同等温温度下转变量与时间的关系。

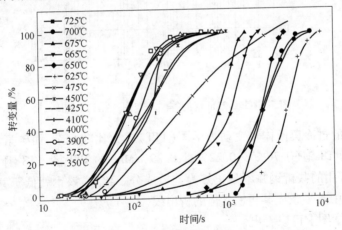

图 5-1　35Cr2Mo 钢的动力学曲线[1]

图 5-1 中,每一条曲线都有转变开始时间和转变终了时间。在转变量为 50% 时,曲线的斜率最大,说明此时转变速度最快。这个动力学曲线比较复杂,包括了珠光体分解和贝氏体转变,也测出了马氏体转变开始点,即 Ms 点。

若将纵坐标换成转变温度,横坐标仍然为转变时间,将各个温度下经不同时间的转变量,如转变开始、转变 50%、转变终了等绘入图中,并且将各个温度下转变开始时间连接成一条曲线,转变终了时间连接成另一条曲线,则可得到转变动力学图,即 TTT 图,它将转变温度、转变时间、转变量三者整合在一起。由于该图呈现"C"形,故也称 C 曲线。图 5-2 即为将图 5-1 的数据重新整理为转变温度(纵坐标)、转变时间(横坐标)、转变量三者之间关系的动力学图,即简称 TTT 图。从图中可见,分为珠光体转变区和贝氏体转变区,两区之间存在一个过冷奥氏体亚稳的"海湾"区。在开始线左方为过冷奥氏体的亚稳区。

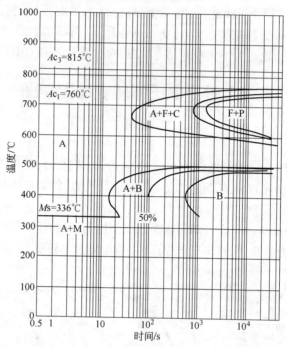

图 5-2　35Cr2Mo 钢的等温转变图——TTT 图[2]

　　合金钢的过冷奥氏体转变动力学图(TTT)多数比较复杂,而碳素钢的较为简单,图 5-3 为 T8 钢(0.76% C、0.22% Si、0.29% Mn)的 TTT 图。T8 钢为共析碳素钢,工业中应用的共析钢并不是正好为共析成分。比如,该钢就低于共析成分,因此在 TTT 图中有一条先共析铁素体的析出线(A→F)。

　　从动力学图上可以看出:

　　(1)珠光体(或贝氏体)形成初期有一个孕育期,即等温开始到发生转变的这段时间。

　　(2)等温温度从临界点 A_1 点逐渐降低时,相变孕育期逐渐缩短,当降低到某一温度,孕育期最短,温度再降低,孕育期又逐渐变长。

　　(3)整体看来,随时间延长,转变速度逐渐变大,达到 50% 的转变量时,转变速度最大,转变量超过 50% 时,转变速度又降低。

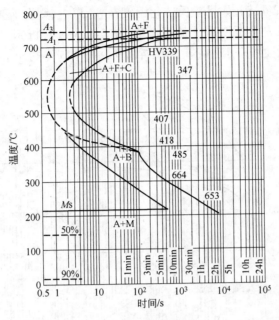

图 5-3　T8 钢的 TTT 图[3]

对于亚共析钢,在转变动力学图的左上方,还有一条先共析铁素体的析出线,图 5-4 所示为 45 钢(亚共析钢)的等温转变图。

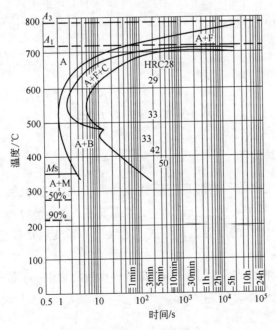

图 5-4　45 钢的等温转变图[3]

　　对于过共析碳素钢,如果奥氏体化温度在 A_{cm} 以上,则在珠光体转变动力学图的左上方,有一条先共析渗碳体的析出线,图 5-5 为过共析钢 T11 的 TTT 图。可见,图中左上方的曲线表示过冷奥氏体析出先共析渗碳体的开始线。

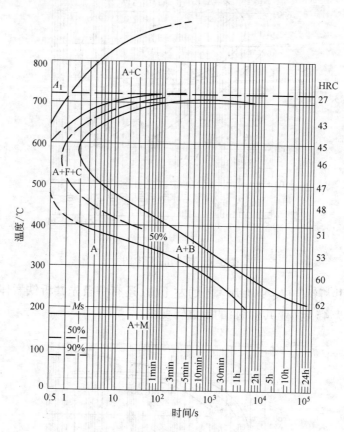

图 5-5　T11 钢的动力学图[3]

5.1.2　连续冷却转变图

　　实际生产中,大多数工艺都是在连续冷却的情况下进行的。过冷奥氏体在连续冷却过程中发生各类相变,它既不同于等温转变,又与等温转变有密切的联系,可以看成由无数个微小的等温过程组成。连续冷却转变就是在这些微小的等温过程中孕育、长大的。

　　连续冷却转变曲线与 TTT 图不同,如图 5-6 为共析钢的 CCT 图与 TTT 图的比较。实线为 CCT 图,虚线为 TTT 图。

　　两者的主要区别在于:

　　(1) 等温转变在整个转变温度范围内都能发生,只是孕育期有长短;但是,连续冷却转变有"所谓"不发生转变的温度范围,如图中转变中止线以下的 200 ~450℃。

（2）CCT 图比 TTT 图向右下方移动,说明连续冷却转变发生在更低的温度,并需要更长的时间。

（3）共析碳素钢和过共析碳素钢在连续冷却转变中不出现贝氏体转变,只发生珠光体转变和马氏体相变。

对于合金钢,在连续冷却转变中,一般有贝氏体转变发生,但是,由于贝氏体相变区往往与共析分解区分离,合金钢的 CCT 图更加复杂。但是 CCT 图总是位于 TTT 图的右下方。

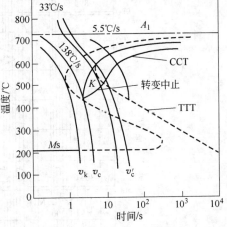

图 5-6　共析钢的 CCT 图与 TTT 图的比较

5.2　退火用 C 曲线

目前,各种书刊中列举的结构钢和工具钢的 TTT 图多数是为淬火工艺服务的。在测定 TTT 图时采用的奥氏体化温度较高,一般与该钢零件的淬火温度相匹配,为淬火工艺的制定提供参数。但是许多工模具钢在软化退火、球化退火时,奥氏体化温度较低,往往在 Ac_1 稍上的两相区加热。因此,这些淬火用 TTT 图不能作为软化退火、球化退火的工艺参数。为使工具钢轧锻材的退火工艺更加科学合理,达到有效软化的目的,需要测定钢的退火用 TTT 图。工业实践表明,采用退火用 TTT 图制订的球化退火工艺,在提高工具钢的退火质量和节能减排方面取得了非常显著的经济效益。

众所周知,同样一种钢,尤其是合金钢,奥氏体化温度不同,则获得的奥氏体成分、晶粒度大小等是不同的,奥氏体化温度高时,未溶的碳化物量减少（或完全溶解）,奥氏体中的碳含量较高,合金元素更多地溶入奥氏体中,晶粒也较大,这使过冷奥氏体稳定性增加,从而推迟过冷奥氏体的共析分解,使 C 曲线向右下方移动。这使过冷奥氏体共析分解时间延长,工艺周期增长,耗能、耗时,降低生产率,对于锻轧材的软化退火生产是不利的。

5.2.1　典型工具钢的退火用 TTT 图

为了适应锻轧材软化退火生产,采用全自动相变膨胀仪测定了 H13、S7、S5、P20 等工具钢的退火用 TTT 图和 CCT 图[4~6]。

图 5-7a 为 H13 钢（相当 4Cr5MoV1Si）在 880℃奥氏体化测定的退火用 TTT 图。图 5-7b 为美国坩埚钢公司采用 1010℃奥氏体化测得的 TTT 图[7]。

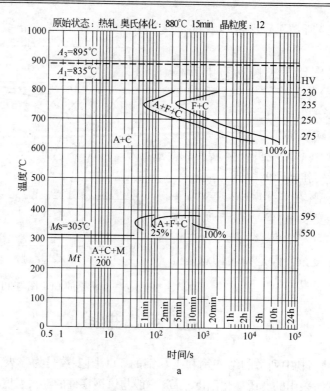

a

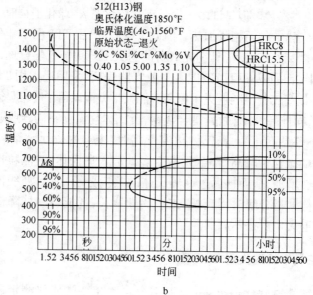

b

图 5-7　H13 钢（美国）退火用 TTT 图（$A_T = 880℃$）（a）及 H13 钢的
淬火用 TTT 图（$A_T = 1010℃$）（b）

　　由上述两图的比较可以看出,在曲线形状上和珠光体、贝氏体转变的位置都有所不同。于 880℃ 奥氏体化测得的 TTT 图中,珠光体转变的"鼻子"温度约为750℃,转变孕育期约为 50 s,转变终了时间约 4 min。而 1010℃ 奥氏体化时,测得的 TTT 图中珠光体转变线向右下方移动,"鼻子"温度降为 715℃,珠光体转变的孕育期延长为 20 min,转变终了的时间更长,约为 2.5 h。贝氏体转变也被推迟了,并且不见贝氏体转变终了线。若用图 5-7 的 TTT 图(淬火用 TTT 图)来制定 H13 钢的等温球化退火工艺,加热温度和保温时间等参数都不可取,那将使退火工艺周期太长,硬度也不能保证有效地降低。

　　图 5-8 是 S5 钢(美国工具钢)的退火用 TTT 图,奥氏体化温度为 790℃,与900℃ 奥氏体化相比,表现了同样的规律。按照该曲线图,于 650℃ 等温退火保持约 1 min 即完成珠光体分解。而依据 900℃ 奥氏体化的 TTT 图,则需约 2 h 才能完成。当然,实际生产中退火工艺的确定还需考虑锻轧材尺寸、装炉量等因素。

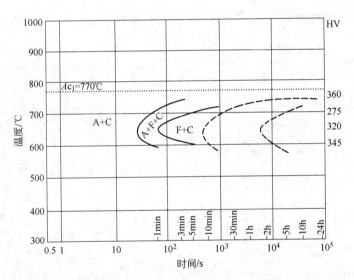

图 5-8　美国 S5 钢的退火用 TTT 图(珠光体转变部分)($A_T = 790℃$)

　　测定退火用 TTT 图时采用了与该钢退火工艺相适应的较低的加热温度,对于工具钢来说,在较低温度奥氏体化时,奥氏体中的碳含量较低,合金元素溶入较少,晶粒也较为细小,这种状态的奥氏体稳定性低,使转变曲线向左方移动,冷却时容易分解为珠光体组织,等温时间较短,退火后硬度较低。

　　从测定的退火用 TTT、CCT 图可见,铁素体-珠光体的转变终了线向左方移动,转变完成的时间也缩短了,这有利于缩短工艺周期,节能减排。

5.2.2 退火用 TTT 图、CCT 图的应用

研究表明,在 A_1 稍上加热,然后缓慢冷却到 A_1 稍下等温,才能有效地软化钢材[4,8]。从以下两方面分析:(1) 在 A_1 稍上奥氏体化,由于刚刚超过 Ac_1,碳化物溶解较少,溶入奥氏体中的碳及某些合金元素含量少,这样的奥氏体稳定性差,较易快速分解;同时,固溶体中碳化物形成元素少。(2) 缓慢冷却到 A_1 稍下等温分解,过冷度小,形核率低,或者以原有的碳化物颗粒为非自发核心,形成颗粒状碳化物。而且,在这样的温度下等温,原子扩散速度快,容易聚集粗化,降低硬度。这些相变热力学和动力学因素对退火软化是有利的。

应用全自动相变膨胀仪测定的退火用 TTT 图和 CCT 图,可以使退火温度与 C 曲线的奥氏体化温度相匹配,使轧锻材的退火软化工艺更加科学合理。如 H13 钢的淬火用 TTT 图,难以作为软化退火工艺的指导参数,而新测定的退火用动力学图的奥氏体化温度为880℃,而软化退火温度采用870~890℃,工艺参数与 TTT 图正好相匹配。

图 5-9 所示为测定的 S7 钢(美国模具钢钢号)的退火用 TTT 图和 CCT 图。

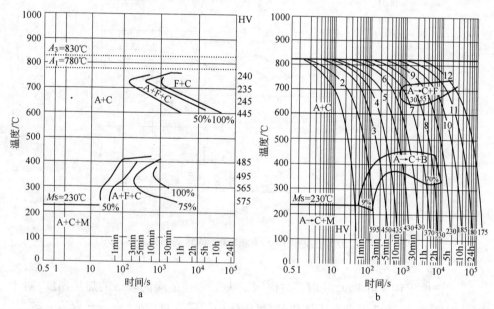

图 5-9 S7 钢的退火用动力学图

a—TTT 图;b—CCT 图

依据退火用 C 曲线设计制订的锻轧材的退火工艺,可充分发挥节能降耗、减排的作用,具有重要的工程应用价值,它使锻轧材的软化退火、球化退火工艺周期缩

短,生产率提高,能耗降低,已在我国许多冶金企业生产中推广应用,经济效益显著。

5.3　钢的 TTT 图类型

不同成分的碳钢与合金钢,其碳含量和合金元素种类与数量的不同,会对过冷奥氏体的转变产生复杂的影响,C 曲线明显不同。

碳能够减慢奥氏体中原子的扩散速度,延长过冷奥氏体转变前的孕育期,减慢转变速度,增加奥氏体的稳定性。碳不改变 C 曲线的形状,只改变其位置,如图 5-10 所示[3]。可见在 550℃附近的"鼻温"区亚共析钢的珠光体转变孕育期不足 1 s,这进一步说明珠光体中的两相是共析共生,在极短的时间内同时形成。过共析钢的珠光体转变孕育期不足 1 s,共析钢的时间最长,约 1 s。

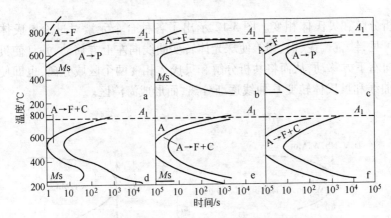

图 5-10　碳对碳素钢过冷奥氏体等温转变曲线位置的影响
a—0.06%C;b—0.35%C;c—0.63%C;d—0.8%C;
e—0.95%C;f—1.29%C

非碳化物形成元素硅、铝均增加过冷奥氏体的稳定性,推迟共析分解,更推迟贝氏体相变,如图 5-11 所示。可见,元素硅、铝是共析分解的温度上移,转变时间向右移;使贝氏体转变温度下移,转变时间向右移较多,即推迟贝氏体相变的作用较大。

非碳化物形成元素镍也增加过冷奥氏体的稳定性,超过 10% Ni 可使珠光体转变线在 TTT 图中消失。

碳化物形成元素钛、钒、铌、钨、钼等,当它们溶入奥氏体中后,均增加过冷奥氏体的稳定性,并且推迟共析分解的作用比推迟贝氏体转变的作用更显著。铬为中等强度的碳化物形成元素,而锰为弱碳化物形成元素。它们易于溶入奥氏体中,

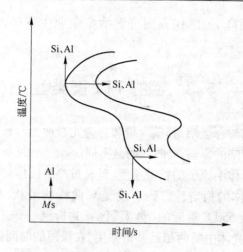

图 5-11　硅、铝对 TTT 图的影响倾向

推迟共析分解和贝氏体相变。图 5-12 示出了各种合金元素对过冷奥氏体转变的影响。可见,钛、钒、铌、钨、钼等使珠光体转变曲线向左上方移动,并且使贝氏体相变曲线向右下方移动,从而将共析分解和贝氏体相变两个区域分离,也即使珠光体转变 C 曲线和贝氏体转变 C 曲线逐渐分离,而形成海湾区。

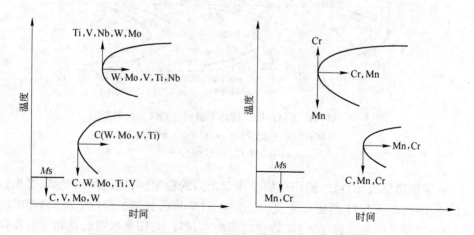

图 5-12　各种合金元素对 TTT 图的影响倾向示意图

　　铬、锰时贝氏体转变曲线向右下方移动,铬使珠光体转变曲线向右上方移动,也会使两条 C 曲线分离。但是锰却使珠光体转变曲线向右下方移动。

　　由于碳和各种合金元素对 TTT 图产生复杂的影响,因此钢的 TTT 图形状各异,以下归纳出了几种类型的 TTT 图[2]。

5.3.1 类型一:共析分解与贝氏体相变曲线重叠

碳素钢的 TTT 图中,珠光体转变和贝氏体的两条转变动力学曲线是重叠的,即两种相变在550℃(鼻温)处交叉。Kennon 等人测得了 Fe-0.8% C-0.77% Mn 合金的 TTT 图,如图 5-13 所示。从图中可以看出,在"鼻温"550℃附近等温,共析分解和贝氏体相变重叠,先发生共析分解,而后生成贝氏体组织,同一温度等温可得到珠光体和上贝氏体两种产物,说明共析分解与上贝氏体转变不同,但有着密切的联系。从图中还可以看出过渡性,如在 400℃以上等温时,先形成珠光体,经过一段时间后,再形成贝氏体。而在 350 ~ 400℃等温时,则先形成贝氏体,而后形成珠光体,再降低温度,直到珠光体停止转变,只有上贝氏体形成。这是一个明显的过渡过程,是过冷奥氏体随温度降低,相变机制逐渐演化的过程,是从平衡转变到非平衡转变的过程。

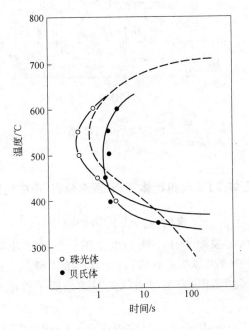

图 5-13　Fe-0.8% C-0.77% Mn 合金的 TTT 图[9]

图 5-13 实际是一种共析碳素钢的动力学图,重点放在测定珠光体转变和贝氏体相变的关系上。而图 5-14 则为共析碳素钢(T8,0.76% C,0.29% Mn)的等温转变 C 曲线。比较两图可知,"鼻温"在550℃,基本上是两种相变的重叠温度,孕育期在 0.5 ~ 1 s 之间。不过,图 5-14 中"鼻温"附近用虚线表示,可能是实际测定中

难以确定转变线位置的缘故。从图5-14还可以看到,在400℃以下等温只得到贝氏体组织。

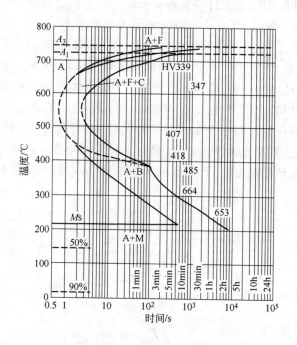

图 5-14　T8 钢的 TTT 图[3]

5.3.2　类型二:珠光体 TTT 与贝氏体 TTT 逐渐分离,形成海湾区

在合金钢中,由于合金元素对过冷奥氏体的稳定性产生不同的影响,也影响临界点的位置,同时,替换原子在不同温度下的扩散速度不等,造成两条曲线的逐渐分离,即共析分解的"鼻温"上移,而贝氏体的"鼻温"下移,最终形成海湾区。关于形成海湾区的原因,有的学者认为是溶质原子类拖曳作用造成,此观点不够全面。

应用日本产 ForMaster-Digitol 全自动相变膨胀仪测定了 35Cr2Mo 钢的 TTT 图,如图 5-15b 所示。与 35CrMo 钢的 TTT 图比较可以看出[3],Cr、Mo 元素含量的增加,使珠光体转变开始线的"鼻温"稍有提高,但却使贝氏体转变开始温度大幅度降低,B_s 点从 620℃左右降低到 500℃左右,致使两条 TTT 曲线从相互连接到完全分开,形成一个宽广的海湾区,这说明 Cr、Mo 二元素的综合加入,对共析分解和贝氏体转变的相变温度和转变速度均产生了不同程度的影响,它们使 C 曲线右移,降低了转变速度。

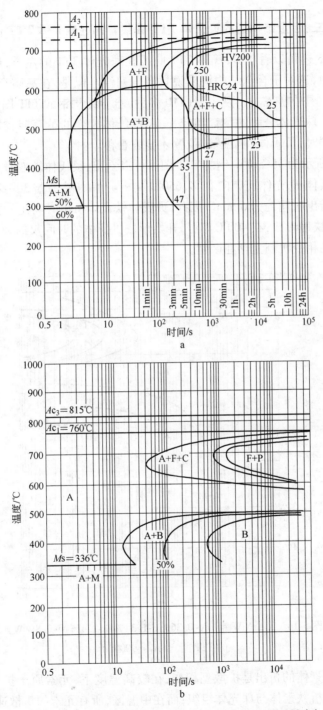

图 5-15　35CrMo 钢的 TTT 图(0.38%C、0.99%Cr、0.16%Mo)(a)
及 35Cr2Mo 钢的 TTT 图(b)

5.3.3　类型三：合金结构钢的贝氏体 TTT 曲线普遍在珠光体 TTT 的左方

从图 5-15 还可以看出，贝氏体 TTT 曲线在珠光体 TTT 的左方，即贝氏体转变的孕育期较短，这对于合金结构钢来说具有普遍性。但是，在高碳合金钢中，其贝氏体 TTT 图往往在偏右方。从大量（110 多种）合金结构钢的 TTT 图中分析观察发现，同一种钢，珠光体分解的孕育期较长，而贝氏体相变的孕育期较短。只有碳含量增加到高碳时，贝氏体"鼻温"的位置才显著右移。

图 5-16 所示为 35CrNiW 钢的 TTT 图。可以看出，贝氏体转变 C 曲线在珠光体的左方。铁素体-珠光体反应向右移，650℃共析分解需要等温 30 多分钟，而先共析铁素体的析出时间约为 6 min。因此，贝氏体铁素体析出时间比先共析铁素体孕育期短，能更快地形成，在 400℃等温，开始形成贝氏体的时间仅约为 200 s。显然，此现象说明在相变机制上存在区别。

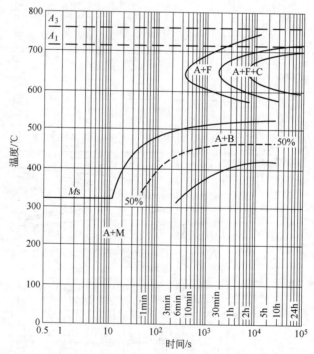

图 5-16　35CrNiW 钢（Fe-0.36% C-1.34% Cr-1.4% Ni-0.8% W）
的 TTT 图[3]（$A_T = 900$℃）

先共析铁素体的析出是扩散型相变，在较高温度下，元素原子扩散较快，形成平衡态的先共析铁素体与珠光体组织；而在中温区，所有元素的扩散速度均显著降低，只有碳原子能够长程扩散，铁原子与替换原子的扩散速度极慢，已经不能满足贝氏体相变的要求。贝氏体铁素体往往在 0.5 s 至数秒内形成，比在高温区的先共析铁素体的析出速度还要快。

研究认为,贝氏体铁素体的形核长大是依靠相界面处铁原子和替换原子的热激活跃迁完成的,原子一次移动的距离小于一个原子间距,迁移速度很快,是无扩散的界面控制机制[10]。然而,持切变观点的学者认为是马氏体相变式的切变位移的结果;持扩散观点的学者则认为是台阶-扩散机制长大。

5.3.4 类型四:渗碳后贝氏体转变 C 曲线右移

低碳合金钢的贝氏体 TTT 图在珠光体的左方,渗碳后将向右移动,图 5-17 是一个例子。从图中可以看出,20Cr2Ni2Mo 钢渗碳前,过冷奥氏体转变为贝氏体的 TTT 曲线在左方(与珠光体相比),说明在中温区,贝氏体铁素体形成速度比共析分解开始的速度快。但是,渗碳后再加热奥氏体化,然后淬火,发现贝氏体转变开始线明显右移。

这里讨论的均为 20Cr2Ni2Mo 钢奥氏体化后的等温转变。然而,如图 5-17b 所示,经渗碳处理后,碳含量提高,共析分解的孕育期基本不变,而贝氏体相变的孕育期却显著增长。从图中可见,在"鼻温"处从 6 s 延长到约 200 s。

原因在于,珠光体和贝氏体的转变机制是不同的。过冷奥氏体分解为珠光体,晶核是铁素体 + 碳化物两相,是共析共生的过程。同时形成两相并协同长大,有一定困难,构建晶核(晶核是两相:F + Fe_3C)需要一定时间;另外形成珠光体中的碳化物,需要替换原子,尤其是碳化物形成元素(Cr、Mo 等)的扩散,这些元素在奥氏体中的扩散系数比碳的扩散系数低约 5 个数量级。尽管是在较高温度区进行共析分解,替换原子尚能够扩散,仍然需要经过一段时间的孕育,才能开始共析分解。而在中温区,新旧相的自由焓之差增加,即驱动力增大,而且贝氏体相变的形核是单相,即贝氏体铁素体(BF)。渗碳体或 $\varepsilon\text{-}Fe_xC$ 并不与 BF 共析共生,碳化物何时析出要视具体条件而定,也可能不析出,而转变为无碳贝氏体,即相变主要受碳原子的扩散控制,这是与珠光体转变本质上的区别之一。

低于 500℃ 时,除了碳原子能够长程扩散外,铁原子和替换原子都不能进行显著的扩散。这时,过冷奥氏体通过涨落形成贫碳区。贫碳区中,铁原子和替换原子以热激活跃迁方式越过界面,构筑铁素体晶核,因此贝氏体铁素体孕育期较短,这是转变速度较快的重要原因。

由于贝氏体相变受碳原子扩散控制,该钢渗碳后,高碳的奥氏体不利于 BF 的形核及长大。BF 的形核必须在贫碳的奥氏体区中进行,BF 的长大必须以碳原子从 α/γ 相界面的奥氏体侧扩散离去为先决条件,碳的影响在低于 400℃ 时更加明显。奥氏体中碳含量增加,其晶界和晶内缺陷处也将吸附大量的碳原子,这将阻碍并延缓贫碳区的形成,从而推迟贝氏体铁素体在此处的形核,因而使孕育期变长。从图 5-17b 可见,在 400℃ 以下,贝氏体转变的最快温度("鼻温")显著地向右下方移动。

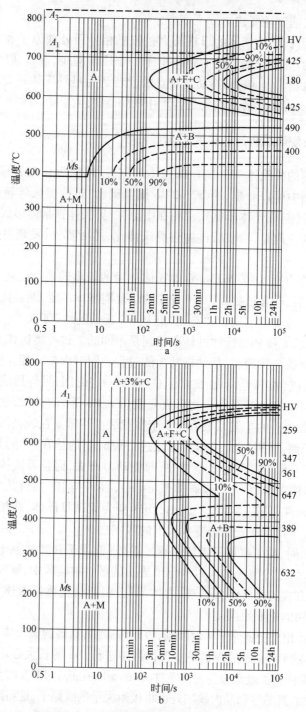

图 5-17　20Cr2Ni2Mo 钢渗碳前后的动力学图[3]

a—渗碳前；b—渗碳后

高碳钢的下贝氏体孕育期一般较长,图 5-18 为 T12 钢的等温转变 C 曲线。可见,贝氏体转变开始线和终了线均显著右移,在 M_s 稍上温度形成下贝氏体时,需要很长时间,甚至需要等温 24 h 才能转变完毕。可见,高碳奥氏体转变为贝氏体较难。

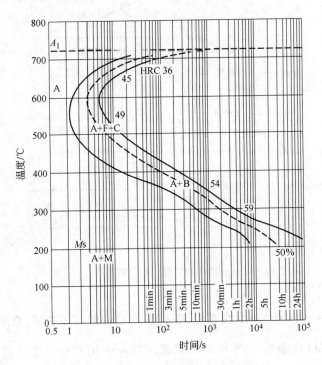

图 5-18　T12 钢的等温转变 TTT 图[3]

5.3.5　类型五:贝氏体转变 C 曲线严重右移直至消失

对于某些高合金钢,其 TTT 图中只有珠光体转变 C 曲线,而贝氏体的 TTT 被右移到 10^5 s 以上,在 TTT 图中已经消失。不是这种钢中没有贝氏体相变,而是贝氏体转变需要等温 28 h 后才能发生,图 5-19 所示为 1Cr13 不锈钢的 TTT 图。

从图中可以看出,在 980℃加热状态下,得到奥氏体 + 铁素体两相,存在 5%F。冷却过程中铁素体不变,奥氏体将分解为珠光体组织,这种钢在 700 ~ 750℃之间,将形成合金碳化物($Cr_{23}C_6$),显然,合金元素原子进行了长程扩散。从其珠光体转变 TTT 图来看,Cr 使得珠光体转变的 TTT 图右移,但是不够显著。在中温区,这种特殊碳化物不能生成。Cr 元素与碳原子有较强的亲和力,增加碳原子在奥氏体中的扩散激活能,阻碍碳原子的扩散,因此,Cr 推迟了贝氏体相变,使贝氏体相变 C 曲线明显右移,直至消失。

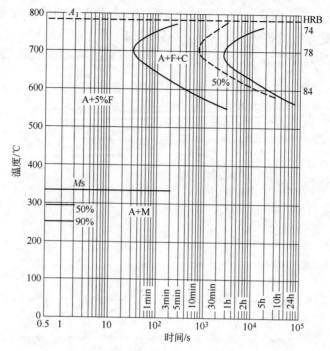

图 5-19　1Cr13 钢的 TTT 图[3]（$A_1 = 790℃$，$A_T = 980℃$）

5.3.6　类型六：Cr-Ni-Mo 合金系中，珠光体的 C 曲线严重右移，直至消失

在 Cr-Ni-Mo 合金系中，钢中各种元素的整合作用都会严重阻碍共析分解，尤其是当镍含量较高时，可能使珠光体转变的 C 曲线大幅度右移，等温 10^5 s 也不发生分解，在 TTT 图上消失，图 5-20 所示为 5CrNi4Mo 钢的 TTT 图。

金属及合金的各种物理特性具有整体大于部分之总和的特点。以 35CrNi4Mo 钢的 TTT 图为例，将此钢奥氏体化后，在 500~700℃ 之间等温，珠光体分解的孕育期大于 10^5 s（从 TTT 图上消失）。若将此钢简单地拆分为三个部分：35Cr、35Ni4、35Mo，分别研究其共析分解情况，其珠光体"鼻温"处的孕育期数值如表 5-1 所示。

表 5-1　珠光体"鼻温"处的孕育期

部分	相应的钢种	在珠光体"鼻温"处的孕育期/s	结　论
1	35Cr	约 65	Cr 的单独影响
2	35Ni4	约 1	Ni 的单独影响
3	35Mo	约 30	Mo 的单独影响
部分之总和		约等于 96	部分的简单叠加值
35CrNi4Mo 钢（整体）		>10^5	各元素的整合作用：整体大于部分总和

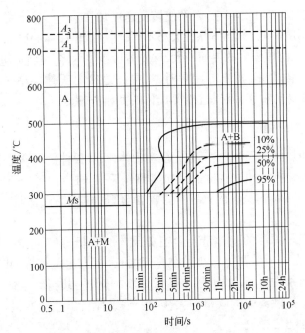

图 5-20 35CrNi4Mo 钢(0.35% C、0.84% Cr、3.95% Ni、0.38% Mo)
的 TTT 图[3]($A_T = 870℃$)

从表中可以看出,整合系统具有组成要素在各自孤立状态下不可能具有的新特性,且具有整体大于部分之总和的机制。35CrNi4Mo 钢的奥氏体溶有 C、Cr、Ni、Mo 等多种元素,它们相互作用,构成一个有机结合的整体,这就是合金元素对 C 曲线的综合影响。这种影响不是简单的线性相加,而是非线性相互作用而表现的整合机制,具有整体大于部分之总和的效果。

上述各种类型的 TTT 图都是不同的整合系统的相变动力学的描述。

5.4 影响过冷奥氏体共析分解的内在机制

钢作为一个开放系统,其相变的发生取决于系统所处的内、外部条件。内在因素为过冷奥氏体的化学成分、组织结构状态;外部因素则包括加热温度、时间、冷却速度、应力及变形等。过冷奥氏体转变为铁素体-珠光体组织是扩散型固态相变,这里就铁素体-珠光体转变为例,说明影响共析分解反应的内在因素。

5.4.1 奥氏体化状态

奥氏体化状态指晶粒度、成分不均匀性、晶界偏聚、剩余碳化物量等,这些因素会对奥氏体的共析分解产生重要影响。如在 $Ac_1 \sim Ac_{cm}$ 之间奥氏体化时,存在剩余渗碳体或碳化物,成分也不均匀,具有促进珠光体形核及长大的作用,剩余碳化物颗粒可作为形核的非自发核心,因而使转变速度加快。

奥氏体化温度不同,奥氏体晶粒大小不等,则过冷奥氏体的稳定性不一样。细小的奥氏体晶粒,单位体积内的界面积大,珠光体形核位置多,也将促进珠光体转变。

奥氏体晶界偏聚硼、稀土等元素时,将提高过冷奥氏体的稳定性,延缓珠光体的形核,使 C 曲线向右移,阻碍过冷奥氏体的共析分解。

5.4.2　奥氏体溶碳量

只有将钢加热到奥氏体单相区,完全奥氏体化,奥氏体的碳含量才与钢中的碳含量相同。如果亚共析钢和过共析钢只加热到 A_1 稍上的两相区($\alpha + \gamma$ 或 $\gamma + Fe_3C$),那么,其奥氏体的碳含量不等于钢中的碳含量,这样的奥氏体具有不同的分解动力学。

奥氏体中实际固溶的碳含量会影响奥氏体的共析分解。在亚共析钢中,随着碳含量的增大,先共析铁素体析出的孕育期增长,析出速度减慢,共析分解也变慢。这是由于在相同条件下,亚共析钢中碳含量增加时,先共析铁素体形核几率变小,铁素体长大所需扩散离去的碳量增大,因而,铁素体析出速度变慢。由此引发的珠光体形成速度也随之减慢。

在过共析钢中,当奥氏体化温度为 Ac_{cm} 以上时,碳元素完全溶入奥氏体中,在这种情况下,碳含量越高,碳在奥氏体中的扩散系数增大,先共析渗碳体析出的孕育期缩短,析出速度增大。碳会降低铁原子的自扩散激活能,增大晶界铁原子的自扩散系数,则使珠光体形成的孕育期随之缩短,加快形成速度。

相对来说,对于共析碳素钢而言,完全奥氏体化后,过冷奥氏体的分解较慢,较为稳定。

5.4.3　奥氏体中合金元素的影响

合金元素溶入奥氏体中则形成合金奥氏体,随着合金元素数量和种类的增加,奥氏体变成了一个复杂的多组元构成的整合系统,合金元素对奥氏体分解行为,以及铁素体和碳化物两相的形成均产生影响,并对共析分解过程从整体上产生影响。合金奥氏体共析分解而形成的珠光体是由合金铁素体和合金渗碳体(或特殊碳化物)两相构成的。从平衡状态来看,非碳化物形成元素(Ni、Cu、Si、Al、Co 等)与碳化物形成元素(Cr、W、Mo、V 等)在这两相中的分配是不同的。后者主要存在于碳化物中,而前者则主要分布在铁素体中。因此,为了完成合金珠光体转变,必定发生合金元素的重新分配。

5.4.3.1　对共析分解时碳化物形成的影响

奥氏体中含有 Nb、V、W、Mo、Ti 等强碳化物形成元素时,在奥氏体分解时,应形成特殊碳化物或合金渗碳体(Fe、M)$_3$C。过冷奥氏体共析分解将直接形成铁素体 + 特殊碳化物(或合金渗碳体)的有机结合体,而不是铁素体 + 渗碳体的共析体。这是由于铁素体 + 特殊碳化物构成的珠光体比铁素体 + 渗碳体构成的珠光体系统的自由焓更低,更稳定。

钒钢中 VC 在 700 ~ 450℃ 范围生成;钨钢中 $Fe_{21}W_2C_6$ 在 700 ~ 590℃ 范围生成;钼钢中 $Fe_{23}Mo_2C_6$ 在 680 ~ 620℃ 范围生成。含中强碳化物形成元素铬的钢,当 $w(Cr)/w(C)$ 比高时,共析分解时可直接生成特殊碳化物 Cr_7C_3 或 $Cr_{23}C_6$。当 $w(Cr)/w(C)$ 比低时,可形成富铬的合金渗碳体,如 $w(Cr)/w(C) = 2$ 时,在 650 ~ 600℃ 范围可直接生成含铬 8% ~ 10% 的合金渗碳体 $(Fe,Cr)_3C$。含弱碳化物形成元素锰的钢中,珠光体转变时只直接形成富锰的合金渗碳体,其中锰含量可达钢中平均锰含量的 4 倍[11]。

在碳钢中发生珠光体转变时,仅生成渗碳体,需要碳的扩散和重新分布。在含有碳化物形成元素的钢中,共析分解生成含有特殊碳化物或合金渗碳体的珠光体组织,这不仅需要碳的扩散和重新分布,而且还需要碳化物形成元素在奥氏体中的扩散和重新分布。实验表明,间隙原子碳在奥氏体中的扩散激活能远小于代位原子钒、钨、钼、铬、锰的扩散激活能。在 650℃ 左右,碳在奥氏体中的扩散系数约为 10^{10} cm/s,而此时,碳化物形成元素在奥氏体中的扩散系数为 10^{-16} cm/s,后者比前者低 6 个数量级。由此可见,碳化物形成元素扩散慢是珠光体转变时的控制因素之一。含镍和钴的钢中只形成渗碳体,其中镍和钴的含量为钢中的平均含量,即渗碳体的形成不取决于镍和钴的扩散。含硅和铝的钢中,珠光体组织的渗碳体中不含硅或铝,即在形成渗碳体的区域,硅和铝原子必须扩散离去,这就是硅和铝提高过冷奥氏体稳定性的原因之一,也可以说明硅和铝在高碳钢中推迟珠光体转变的作用大于在低碳钢中的作用。

合金珠光体中碳化物形成的特点是:

(1) 合金奥氏体转变为珠光体时,若该条件下的稳定相是特殊碳化物,则在转变初期就形成这种碳化物而不先形成渗碳体。

(2) 若渗碳体稳定,则转变初期形成合金渗碳体,合金元素固溶于渗碳体中。

(3) 若初期形成的是合金渗碳体,则随着保温时间的延长,亚稳相 Fe_3C 的量将逐渐减少,稳定的特殊碳化物会逐渐增多。

珠光体转变初期所形成的碳化物的结构如表 5-2 所示。

表 5-2 奥氏体分解初期所形成的碳化物的结构

奥氏体中主要元素含量/%	分解稳定/℃	碳化物结构
0.68% C、0.65% Mo	680 ~ 620 590 570 ~ 430	$(Fe,Mo)_{23}C_6$ $(Fe,Mo)_{23}C_6 + Fe_3C$ Fe_3C
0.4% C、1.54% W	650	$(Fe,W)_{23}C_6$
0.80% C、1.86% V	700 ~ 450	VC

续表 5-2

奥氏体中主要元素含量/%	分解稳定/℃	碳化物结构
0.33% C、3.87% Cr	700~600 400	(Fe,Cr)$_7$C$_3$ Fe$_3$C
0.20% C、5.0% Cr	705 425	(Fe,Cr)$_7$C$_3$ Fe$_3$C

5.4.3.2 对共析分解中 γ→α 转变的影响

共析分解是扩散型相变,γ→α 转变是通过扩散方式进行的,其转变动力学曲线同样具有 C 曲线形状。铬、锰、镍强烈推迟 γ→α 转变,钨和硅也推迟 γ→α 转变。单独加入钼、钒、硅在低含量范围对 γ→α 转变无影响,而钴则加快 γ→α 转变。

几种合金元素同时加入对 γ→α 转变的影响更大。除 Fe-Cr 合金中加镍和锰能阻碍 γ→α 转变外,加入钨、钼甚至钴都能明显增长孕育期,减慢 γ→α 转变速度。

合金元素对 γ→α 转变的影响主要是提高 α 相的形核功或转变激活能。镍主要是增加 α 相的形核功。合金元素铬、钨、钼、硅都可提高 γ-Fe 原子自扩散激活能。若以 Cr-Ni、Cr-Ni-Mo 或 Cr-Ni-W 合金化时,可同时提高 α 相的形核功和 γ→α 转变激活能,有效地提高过冷奥氏体的稳定性。钴的作用特殊,当单独加入时可使铁的自扩散系数增加,加快 γ→α 转变;而钴和铬同时加入,则钴的作用正好相反,表明有铬存在时,钴能增加 γ 中原子间结合力,提高转变激活能。

硼的影响较为特殊,高温溶入奥氏体中的硼,在冷却过程中,向奥氏体晶界偏聚,并以 Fe$_{23}$(B,C)$_6$ 的形式析出。这种 Fe$_{23}$(B,C)$_6$ 与奥氏体形成低能量的共格界面,将奥氏体晶界遮盖起来,以低界面能的共格界面代替了原奥氏体的高能界面,从而使铁素体形核困难,强烈推迟了 γ→α 转变。

5.4.3.3 对珠光体长大速度的影响

从元素的单独作用看,大部分合金元素推迟奥氏体的共析分解,尤其是 Ni、Mn、Mo 的作用更加显著。如钼可降低珠光体的形核率 N_s(单位界面形核率),如图 5-21 所示。

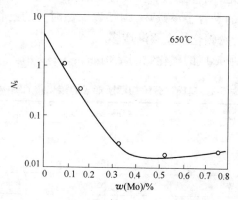

图 5-21 钼对 650℃珠光体形核率的影响[12]

锰可以降低珠光体的长大速度 G，如图 5-22 所示，显然也是非线性关系。相反地，钴可以增加碳在奥氏体中的扩散速度，增大珠光体形核率和长大速度，如图 5-23 所示。

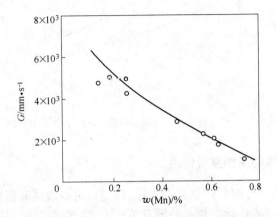

图 5-22 锰对 680℃珠光体长大速度的影响[11]

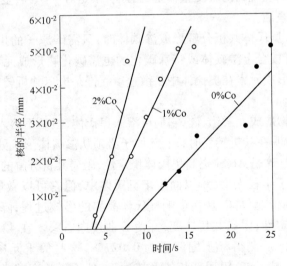

图 5-23 钴对 660℃珠光体长大速度的影响[11]

Ni、Cr、Mo 等合金元素揭高了珠光体转变时 α 相的形核功和转变激活能，增加了奥氏体相中原子间的结合力，使得 γ→α 的转变激活能增加。Cr、W、Mo 等提高了 γ-Fe 的自扩散激活能，提高奥氏体的稳定性。合金元素综合加入时，多元整合作用更大。

如图 5-24 所示，Fe + Cr、Fe + Cr + Co、Fe + Cr + Ni 等合金系统表现了不同的作用。2.5% Ni 使 8.5% Cr 合金由 γ 向 α 转变的最短孕育期由 60 s 增加到 20 min，而 5% Co 使 8.5% Cr 合金的最短孕育期增到 7 min，显然均显著推迟了 γ→α 转变。

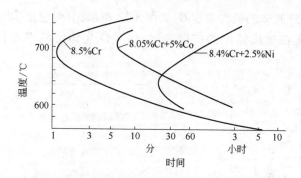

图 5-24　不同合金系对 γ→α 转变 5% 的 TTT 的影响[11]

5.4.4　合金奥氏体的系统整合作用

过冷奥氏体共析分解的产物是珠光体,珠光体由铁素体和碳化物两相组成,是一个整体,铁素体和碳化物两相是协同竞争长大,最终形成珠光体团。合金元素对珠光体转变的影响表现为对转变整体上的影响,不是对 γ→α 转变和碳化物形成影响的简单的线性叠加。

在碳素钢中,奥氏体共析分解形成渗碳体时,只需碳原子的扩散和重新分布,但在合金钢中,形成合金渗碳体或特殊碳化物也需碳化物形成元素扩散和重新分布,因此,碳化物形成元素在奥氏体中扩散速度缓慢是推迟共析转变的极为重要的因素。

对于非碳化物形成元素铝、硅,它们可溶入奥氏体,但是不溶入渗碳体,只富集于铁素体中,这说明在共析转变时,Al、Si 原子必须从渗碳体形核处扩散离去,渗碳体才能形核、长大,这是 Al、Si 提高奥氏体稳定性,阻碍共析分解的重要原因。

稀土元素原子半径太大,难以固溶于奥氏体中,但它可以微量地溶于奥氏体晶界等缺陷处,降低晶界能,从而影响奥氏体晶界的形核过程,降低形核率,也能提高奥氏体的稳定性,阻碍共析转变,并使 C 曲线向右移。在 42Mn2V 钢中加入混合稀土元素(RE),测得稀土固溶量为 0.027%,这些稀土元素吸附于奥氏体晶界上,降低相对晶界能,阻碍新相的形核过程,延长了孕育期,增加了过冷奥氏体的稳定性,因而推迟了共析分解,也推迟了贝氏体相变。图 5-25 是测得的 42Mn2V 钢的 CCT 图,图中实线部分表示加入稀土元素后使 C 曲线向右移的影响[13~15]。

现将各类合金元素的作用总结如下:

(1)强碳化物形成元素钛、钒、铌阻碍碳原子的扩散,主要是通过推迟共析分解时碳化物的形成来增加过冷奥氏体的稳定性,从而阻碍共析分解。

(2)中强碳化物形成元素 W、Mo、Cr 等,除了阻碍共析碳化物的形成外,还增加奥氏体原子间的结合力,降低铁的自扩散系数,这将阻碍 γ→α 转变,从而推迟奥

氏体向 α + Fe₃C 的分解,也即阻碍珠光体转变。

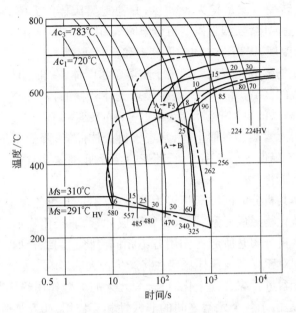

图 5-25　稀土元素对 42Mn2V 钢的 CCT 的影响

（3）弱碳化物形成元素 Mn 在钢中不形成自己的特殊碳化物,而是溶入渗碳体中,形成含 Mn 的合金渗碳体(Fe,Mn)₃C。由于 Mn 的扩散速度慢,因而阻碍共析渗碳体的形核及长大,同时锰又是扩大 γ 相区的元素,起稳定奥氏体并强烈推迟 γ→α 转变的作用,因而阻碍珠光体转变。从图 5-26 可以看出 Mn 对珠光体共析分解的推迟作用。

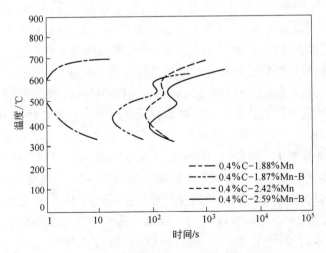

图 5-26　Mn、B 对冷却奥氏体共析分解的影响[16]

（4）非碳化物形成元素镍和钴对珠光体转变中碳化物的形成影响小，主要表现在推迟 $\gamma \to \alpha$ 转变。镍是扩大 γ 相区，并稳定奥氏体的元素，增加 α 相的形核功，降低共析转变温度，强烈阻碍共析分解时 α 相的形成。钴由于升高 A_3 点，可以提高 $\gamma \to \alpha$ 转变温度，提高珠光体的形核率和长大速度。

（5）非碳化物形成元素硅和铝由于不溶于渗碳体，在珠光体转变时，硅和铝必须从渗碳体形成的区域扩散开去，是减慢珠光体转变的控制因素。硅还增加铁原子间结合力，增高铁的自扩散激活能，推迟 $\gamma \to \alpha$ 转变。

（6）内吸附元素硼、磷、稀土等，富集于奥氏体晶界，降低了奥氏体晶界能，阻碍珠光体的形核，降低了形核率，延长转变的孕育期，提高奥氏体稳定性，阻碍共析分解，使 C 曲线右移。

影响奥氏体共析分解的因素是极为复杂的，不是上述各合金元素单个作用的简单迭加。强碳化物形成元素、弱碳化物形成元素、非碳化物形成元素、内吸附元素等在奥氏体共析分解时所起的作用各不相同。将它们综合加入钢中，各个合金元素的整合作用对于提高奥氏体稳定性将产生极大的影响。

多种合金元素进行综合合金化时，合金元素的综合作用绝不是单个元素作用的简单之和，而是由于各个元素之间的非线性相互作用，相互加强，形成一个整合系统，各元素的作用，对共析分解将产生整体大于部分之总和的效果。

在珠光体转变温度范围内，各元素的作用机制不同。如果把强碳化物形成元素、中强碳化物形成元素、弱碳化物形成元素、非碳化物形成元素和内吸附元素有机地结合起来，则能够成百倍、千倍地提高奥氏体的稳定性，推迟共析分解，提高过冷奥氏体的淬透性。

铬提高 $\gamma \to \alpha$ 转变的激活能，镍提高 $\gamma \to \alpha$ 转变时的 α 的形核功，所以，若以 Cr + Ni 合金化，则上述两种作用将进行非线性迭加，这些元素相互综合作用，增加奥氏体中的原子间结合力；阻碍共析渗碳体的形核及长大；降低铁的自扩散系数，阻碍碳和其他元素扩散；各种作用相互增强，则使奥氏体稳定性以几个数量级增加，可能极大地阻碍过冷奥氏体的转变，推迟奥氏体的共析分解和贝氏体转变。

图 5-27 示出了 35Cr、35CrMo、35CrNiMo、35CrNi4Mo 几种钢的 TTT 图。从图中可以看出，四种成分的合金钢碳含量基本相同。随着合金元素种类和数量的增加，铁素体的析出和共析分解不断被推迟，转变的孕育期不断增大，C 曲线明显右移。35Cr 钢珠光体转变的"鼻温"时间不足 20 s；35CrMo 的"鼻温"时间延长到 50s；35CrNiMo 钢珠光体转变在"鼻尖"处的孕育期约为 400 s，转变终了的时间约为 4000 s。而 35CrNi4Mo 钢的珠光体转变已经被推迟得看不见了，实际上是共析分解的开始时间太长（$> 10^5$ s），未能测出。珠光体转变的终了线也向右移，如 650℃，35Cr 钢珠光体转变终了线约 3 min；35CrMo 钢珠光体转变终了线约 5 min；35CrNiMo 钢珠光体转变终了线约 12 h。

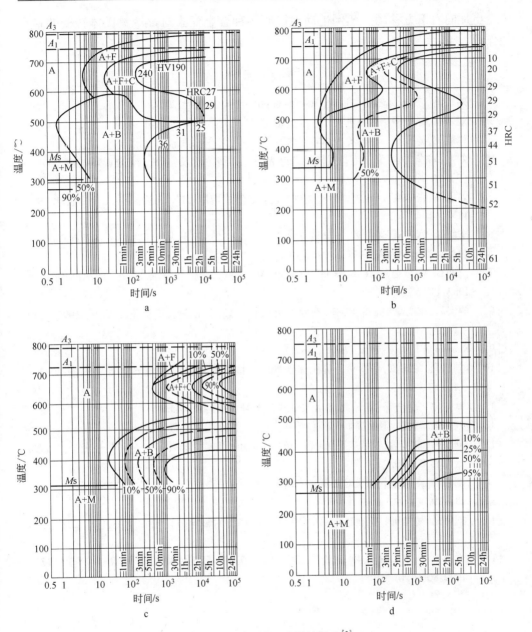

图 5-27　几种钢的 TTT 图的对比[3]

a—35Cr；b—35CrMo；c—35CrNiMo；d—35CrNi4Mo

　　贝氏体相变也被推迟。在 500℃ 温度下比较，35Cr 钢的贝氏体相变的"鼻温"时间不足 1 s，比珠光体转变快得多；35CrMo 的贝氏体相变约 3 s 开始；35CrNiMo 钢贝氏体相变约在 100 s 开始，"鼻温"已经移到 400℃；而 35CrNi4Mo 钢的贝氏体转变更加向右下方移动。此例生动地说明各种合金元素对过冷奥氏体转变的整合作用。

参 考 文 献

［1］　刘宗昌．珠光体转变与退火［M］．北京:化学工业出版社,2007.

［2］　刘宗昌,任慧平．过冷奥氏体扩散型相变［M］．北京:科学出版社,2007.

［3］　林慧国,傅代直．钢的奥氏体转变曲线［M］．北京:机械工业出版社,1988.

［4］　刘宗昌,李文学,邵淑艳．工模具钢退火用 C 曲线测定及应用［J］．金属热处理,2001,26 (7):36～38.

［5］　刘宗昌,张羊换,麻永林．冶金类热处理及计算机应用［M］．北京:冶金工业出版社,1999: 18～148.

［6］　李文学,刘宗昌,阎俊萍,任惠平,孙久红．H13、S7、S5 钢退火用 TTT 图及临界点测定［J］． 包头钢铁学院学报,1998,3:194～199.

［7］　［美］G. A. 罗伯茨,R. A. 卡里．工具钢［M］．徐进,姜先余等译．北京:冶金工业出版社, 1987:117～280.

［8］　刘宗昌,李文学,高占勇,等,钢的退火软化机理［J］．包头钢铁学院学报, 1998,3:178 ～182.

［9］　Kennon N F,Kaye N A. Trans. ,1982,13A:975.

［10］　刘宗昌,王海燕,任慧平．贝氏体铁素体形核机理求索［J］．材料热处理学报,2007,28 (1):53～58.

［11］　章守华．合金钢［M］．北京:冶金工业出版社,1981:30～45.

［12］　刘宗昌．材料组织结构转变原理［M］．北京:冶金工业出版社,2006.

［13］　刘宗昌,李文学,李承基．10SiMn 钢的 CCT 曲线及铈的影响［J］．金属热处理学报,1990, 11(1):75～80.

［14］　刘宗昌,李承基．稀土对低碳锰钒钢组织转变的影响［J］．兵器材料科学与工程,1990,4: 23～29.

［15］　刘宗昌,杨植玑．钒在正火钢中的相分析及稀土的影响［J］．金属学报,1987,23(6):531 ～533.

［16］　方鸿生,王家军,杨志刚,李春明,薄祥正,郑燕康．贝氏体相变［M］．北京:科学出版社, 1999:80～120.

6　珠光体的力学性能及应用

6.1　铁素体-珠光体的力学性能

人类总是不断能动地改变着钢的成分、组织结构,以获得所需性能。钢中相变产物的组织结构十分复杂,因而性能多样化,极大地满足了人类社会的各种需求。

将钢加热奥氏体化,获得不同的奥氏体状态,然后采用不同的方式冷却,使钢转变为不同的组织结构,以便获得所要求的性能。一般地,过冷奥氏体在临界点以下,随着等温温度的降低,可能转变的产物依次为:铁素体 + 珠光体(或碳化物 + 珠光体)→上贝氏体→下贝氏体→马氏体,强度越来越高,塑韧性越来越低,是个逐级演化的过程。

以 37CrNi3 钢的等温转变图,如图 6-1 所示,说明组织-硬度的变化关系。由图中可以看出,从高温区到低温区,依次发生珠光体、贝氏体、马氏体相变。不同温度范围的转变产物具有不同的硬度,在珠光体的"鼻温"处,获得珠光体组织,硬度

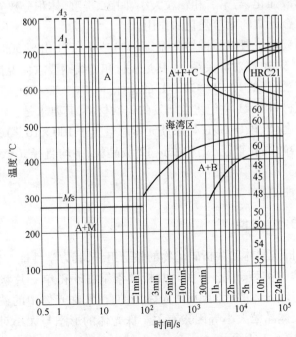

图 6-1　37CrNi3 钢的等温转变 TTT 图[1]

为 HRC21,钢质较软;在海湾区,过冷奥氏体长时间保温而不转变,激冷后获得马氏体组织,硬度很高,达 HRC60;在贝氏体范围,硬度为 HRC45～50;在马氏体点以下温度,转变为马氏体＋残留奥氏体组织,由于残留奥氏体量不等,硬度在 HRC50～60 之间。

在连续冷却条件下,转变产物可以是一种组织,也可能同时存在几种组织,由多相组成,例如,连续冷却获得珠光体＋贝氏体＋马氏体＋残留奥氏体等多种相、多种组织构成的整合组织,表现的强度、塑性、韧性,不是各种组织与性能的线性叠加,而是非线性的。随冷却速度增大,从平衡组织逐渐过渡到非平衡组织,强度、硬度不断提高。

6.1.1　钢铁材料的力学性能

钢铁材料的力学性能主要是强度和塑韧性,其中屈服强度 σ_s 是各种强化因素整合的结果,以下式表示:

$$\sigma_s = \sigma_0 + \sigma_G + \sigma_D + \sigma_P + \sigma_C$$

式中　σ_0——基体基本强度;

　　　σ_G——细晶强化,$\sigma_G = K_y d^{-1/2}$,d 为晶粒直径,K_y 为系数;

　　　σ_D——位错强化,$\sigma_D = K_D \rho^{1/2}$,$\rho$ 为位错密度,$K_D = \alpha \mu b$,α 为系数,μ 为切变模量,b 为柏氏矢量;

　　　σ_P——弥散强化,与第二相颗粒大小、间距、类型、体积分数 f 有关;

　　　σ_C——合金元素的固溶强化的作用。

钢铁材料的韧性一般以脆性转化温度(T_c)或 FATT(出现 50% 解理断口的温度)来衡量,它和 K_{IC} 也有对应关系,尤其是板材和管线钢要求低温韧性,FATT 值十分重要,细化晶粒是降低 FATT(℃)最好的选择。

新一代钢铁材料是 21 世纪重点研发的钢铁材料,其要求是:

(1) 高纯净度(S、P、O、N、H 等杂质元素总量低于 100×10^{-6});

(2) 超细晶粒,晶粒直径小于 4 μm(12 级晶粒,平均直径 $d = 5.5$ μm)的超细晶粒钢;

(3) 高均匀性。

6.1.2　珠光体的力学性能

珠光体是共析铁素体和共析碳化物的整合组织,其力学性能与铁素体的成分、形态,以及碳化物的类型、形态有关。共析碳素钢在获得单一片状珠光体的情况下,其力学性能与珠光体的片间距、珠光体团的直径、珠光体中的铁素体片的亚晶粒尺寸、原始奥氏体晶粒大小等因素有关。珠光体的形态与大小对强度和塑韧性的影响如图 6-2、图 6-3 所示。

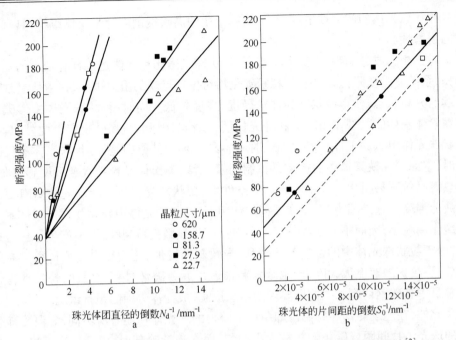

图6-2 共析碳素钢的珠光体团直径(a)和片间距(b)对断裂强度的影响[2]

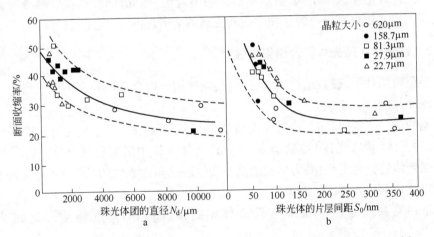

图6-3 共析碳素钢的珠光体团直径(a)和片间距(b)对断面收缩率的影响[2]

由图6-2可以看出,珠光体团直径和片间距越小,强度越高。

同时,由图6-3可见,珠光体团直径和片间距越小,塑性也越好。这是由于当铁素体和渗碳体片层薄时,相界面增多,对位错运动的阻力增大,也即抵抗塑性变形的能力增大,强度提高。同时,片间距减小,渗碳体片很薄,外力作用下容易滑移变形,故使塑性提高。比如,细片状的索氏体组织,不仅强度高,还具有优良的冷拔性能。

　　片状珠光体的耐磨性也较好,如轧后使用的高碳钢钢轨为索氏体组织,具有良好的耐磨性。

　　对于相同成分的钢,在退火状态下,粒状珠光体比片状珠光体具有较小的相界面积,系统总能量降低,其中,颗粒状碳化物对位错运动的阻力也小,铁素体呈现较连续的分布状态,使得粒状珠光体的硬度、强度较低。同时,粒状珠光体中渗碳体对铁素体基体的割裂作用较片状珠光体明显减弱,因此,塑韧性也好。此外,具有粒状珠光体组织的工件在淬火加热时不容易过热。其原因是,粒状珠光体奥氏体化时,碳原子在铁素体中的扩散是控制因素,所以奥氏体晶粒长大速度明显降低,加热时晶粒不易粗化。在相同的强度条件下,粒状珠光体比片状珠光体具有更高的疲劳强度。这是因为,在交变载荷的作用下,粒状珠光体中碳化物对铁素体基体割裂作用较小,因而不易在工件表面和内部产生显微疲劳裂纹,即使产生了疲劳裂纹,由于粒状珠光体中的位错易于滑移,导致塑性变形,使裂纹尖端能量得到有效释放,裂纹扩展速度大大降低,也减轻和推迟了疲劳破坏过程。因此,粒状珠光体常常是中高碳钢切削加工前所要求的组织形态,成为淬火前的预备组织。

　　此外,在连续冷却和等温冷却条件下获得的珠光体性能有所不同,等温冷却获得的珠光体片间距或碳化物颗粒大小均匀,而在连续冷却时,由于转变温度不同,导致珠光体片间距大小不同,造成钢的性能不均匀,因此,同种钢在等温冷却条件下获得的珠光体具有更好的拉伸性能和更高的疲劳性能。

6.1.3　铁素体+珠光体整合组织的强度

　　在服役条件下,碳素结构钢、低合金高强度钢与微合金钢的金相组织均为铁素体+珠光体的整合组织。

　　钢的成分一定时,随着冷却速度增加,转变温度越来越低,先共析铁素体数量减少,珠光体(伪珠光体)数量增多,并且珠光体组织中的碳含量下降。这种铁素体+珠光体的整合组织,其力学性能是非线性的。与铁素体的晶粒大小、珠光体片间距以及化学成分等因素有关。

　　下列关系式适用于铁素体-珠光体钢的强度计算,珠光体量可达到共析成分[3]:

$$R_{eL}(MN/m^2) = 15.4\{f_\alpha^{\frac{1}{3}}[2.3 + 3.8w(Mn) + 1.13d^{-\frac{1}{2}}] + (1 - f_\alpha^{\frac{1}{3}})$$
$$(11.6 + 0.25S_0^{-\frac{1}{2}}) + 4.1w(Si) + 27.6\sqrt{(N)}\}$$

$$R_m(MN/m^2) = 15.4\{f_\alpha^{\frac{1}{3}}[16 + 74.2\sqrt{(N)} + 1.18d^{-\frac{1}{2}}] + (1 - f_\alpha^{\frac{1}{3}})$$
$$(46.7 + 0.23S_0^{-\frac{1}{2}}) + 6.3w(Si)\}$$

式中　f_α——铁素体的体积分数;

　　　　d——铁素体晶粒的平均直径;

S_0——珠光体的片间距,mm;

N——铁素体中的固溶氮。

函数 $f_\alpha^{\frac{1}{3}}$ 和 $1 - f_\alpha^{\frac{1}{3}}$ 代表铁素体和珠光体量相对于强度呈现非线性关系。

当珠光体的含量很低时,珠光体对于强度的影响不明显。随珠光体相对含量的增加,珠光体的作用越来越大,强度提高,塑性下降。冷脆转变温度则随着珠光体相对量的增加而升高。

该式表明,强度同铁素体量、珠光体含量之间,与珠光体片间距、晶粒度等因素呈非线性关系[4]。可见,如果将珠光体定义为"铁素体和渗碳体的机械混合物",那么其力学性能将与两相的相对量呈线性关系,因此,从这个角度看,以往珠光体的定义也是不准确的。

6.2 铁素体-珠光体组织的应用

6.2.1 珠光体钢的应用

珠光体钢可广泛应用于铁路工程的钢轨、车轮、轮箍、轴,以及钻杆、钢筋、拉拔高强度钢丝等棒材,如共析钢盘条,为索氏体组织,具有优良的冷拔性能,经连续冷拔不断裂,抗拉强度可以提高到 2000 MPa。SWRH82B 钢盘条是含有微量 Cr、V 元素的共析钢,可以制造钢绞线,用于高架桥等工程上。

图 6-4a 是 SWRH82B 钢盘条的索氏体组织。图 6-4b 是该钢冷拔后的变形组织。

图 6-4 高碳钢热轧盘条的索氏体组织(a)和冷拔后的变形组织(b)(SEM)

随着钢中珠光体含量的增加,它在影响钢的强度和韧性方面的作用也不断增强。在提高钢的抗拉强度和耐磨性等方面,珠光体的增加起着重要作用,但是,同时也会降低一些冲击韧性,使钢的总塑性值有所减小。传统上,这类钢是不需要很高韧性的,但有些失效事件却强烈要求改善韧性,这可以通过降低碳含量来达到。然而,当碳含量降低,组织中出现铁素体,强度和抗磨性都下降了。此外,还存在着其他影响性能的参数,如珠光体层片间距、渗碳体片的厚度以及珠光体晶团的尺寸等。

因此,必须对影响强度、韧性的各项因素进行系统研究,使钢的各项性能得到最佳配合。

6.2.2　铁素体-珠光体钢的应用

此类钢包括碳素工程结构钢、高强度低合金钢和微合金钢。

6.2.2.1　碳素工程结构钢

碳素工程结构钢的质量应符合现行国家标准《碳素结构钢》(GB/T 700)的要求。目前高屈服强度的钢材有 Q235 钢、Q345 钢、Q390 钢和 Q420 钢。

碳素工程结构钢大部分以热轧状态供货,少部分以冷轧成品供货,如冷轧薄板、冷拔钢管、冷拉钢丝等。用于冷轧板的钢有 08F、08Al、06Ti 等,冷轧成板后经再结晶退火,最后再进行 1% ~3% 平整变形,以消除上、下屈服点,保证深冲要求。08F 钢由于有自由氮存在,即使平整后仍有应变时效倾向,出现上、下屈服点,冲压时板面有不平整的吕德斯带。因此,可加入固定氮的元素如铝或钛,以形成 AlN 或 TiN,消除钢的应变时效倾向。

6.2.2.2　高强度低合金钢

高强度低合金钢是在碳素钢中加入少量合金元素,利用合金元素产生固溶强化、细晶强化和沉淀强化,来提高强度的。

16Mn 是工程用高强度低合金钢中的典型钢种,屈服强度为 345 MPa 级,有较高的强度、良好的塑性和低温韧性及焊接性,是我国这类钢中产量最多、用量极广的钢种。根据产品截面厚度不同,其屈服强度在 295 ~ 345 MPa 之间,广泛应用于钢筋、建筑钢结构、桥梁、船舶等方面。在 16Mn 中,含有 1.2% ~1.6% Mn,除起固溶强化作用外,锰可降低临界点 A_1、A_3 温度,增加过冷奥氏体的过冷能力;细化铁素体晶粒,降低钢的冷脆性和 $FATT_{50}$($℃$)。

15MnTi、16MnNb、15MnV 钢屈服强度属于 390 MPa 级别,通过加入微量钛、铌、钒,起细化晶粒和沉淀强化作用,这类钢用于制造桥梁、船舶、容器。

15MnVN 钢屈服强度属于 440 MPa 级别,钢中加入不大于 0.022% 的氮,以形成稳定的 VN,比 VC 更有效地起细化晶粒和沉淀强化作用。15MnVN 钢是为适应建筑和桥梁工程而开发的钢种。上述两种级别的钢种一般采用正火作为最终热处理状态,具有铁素体-珠光体的整合组织。

6.2.2.3　微合金钢

微合金钢是 20 世纪 70 年代发展起来的一类高强度低合金钢,通过细化晶粒和沉淀强化来获得高强度。在控制轧制和控制冷却生产工艺过程中,微合金元素对钢的组织与性能产生很大影响。常用的钛、铌、钒等微合金元素的作用如下[5,6]。

A 抑制奥氏体形变再结晶

在热加工过程中,通过应变诱导使铌、钛、钒的氮化物析出物在晶界、亚晶界和位错上沉淀,有效阻止奥氏体的再结晶。铌还偏聚在奥氏体晶界,增强晶界原子间结合力,对再结晶晶界起拖曳作用。铌在阻止形变奥氏体的回复和再结晶方面作用最强,钛次之,钒较弱。在高温区,铌以固溶原子对晶界迁移的拖曳作用为主;在较低温度的奥氏体区,以应变诱导析出的 Nb(C,N) 颗粒钉扎晶界的作用为主。

B 阻止奥氏体晶粒长大

在锻造和轧制过程中,再结晶后就要发生晶粒长大。钛和铌形成的 TiN 或 Nb(C,N),在高温下非常稳定,其弥散分布对控制高温下的晶粒长大有强烈的抑制作用。钢中加入微量铌(≤0.06%),形成 Nb(C,N),在1250℃也不能完全溶入奥氏体中。轧制过程中,在1150℃以下又有部分铌重新以 Nb(C,N) 颗粒析出,阻止奥氏体晶粒长大。微量钛以 TiN 从高温钢中析出,呈弥散分布,也能够有效地阻止奥氏体晶粒长大。

C 沉淀相与沉淀强化

钛和铌的碳化物和氮化物有足够低的固溶度和高的稳定性。一般微合金钢中的沉淀强化相主要是低温下析出的 Nb(C,N) 和 VC。合金元素铌、钛、钒等元素通过细晶强化和沉淀强化对钢的屈服强度产生显著的影响。钒引起沉淀强化使钢的屈服强度增量最显著,钛的作用处于铌与钒之间。

D 改变钢的显微组织

随奥氏体化温度升高,钛、铌、钒等合金碳化物和氮化物有一定的溶解量,如 Nb(C,N) 在1150℃溶于奥氏体的铌约0.03%;而 V(C,N) 更易溶于奥氏体中。在轧制加热时,溶于奥氏体的微合金元素提高了过冷奥氏体的稳定性,降低了析出先共析铁素体和珠光体转变的温度范围。所以,使钢在较低温度下转变为先共析铁素体和珠光体组织,使组织更加细小,并使相间沉淀的 Nb(C,N) 和 V(C,N) 颗粒更细小。

Nb(C,N) 是最理想的应变诱导析出相;TiN 由于沉淀温度太高,不能成为应变诱导析出相;而 VN 和 VC 沉淀的温度太低,不能用来抑制奥氏体再结晶,只能用来作为沉淀强化相。为适应传统的控制轧制工艺,发展了 Nb-V 复合微合金钢,铌主要用来在高温形变时产生应变诱导析出相 Nb(C,N),细化奥氏体晶粒;而钒主要用来产生沉淀强化相 V(C,N)。

具有铁素体-珠光体组织的低合金钢和微合金钢的屈服强度的极限约440 MPa。若要求更高强度和韧性的配合,就需要采用相变强化的方法。

6.3　粒状珠光体组织及退火新工艺

粒状珠光体组织硬度低,易于切削加工,而且淬火加热时不容易过热,可广泛应用于工具钢中。为了提高钢材的冷加工性能,必须降低工具钢锻轧材的退火硬度。

近年来,国内许多厂家生产了 H13、S5、S7、D2、A6、X45NiCrMo4 等美国、德国工具钢,这些钢材锻轧后需要软化退火,有较严格的硬度要求,以便机械加工。由于缺乏合理的退火工艺参数,往往造成硬度偏高,或硬度分布不均而影响使用。为此,研究这些钢的珠光体转变机理和退火软化技术,开发新工艺是非常必要的。

本节将从减少位错运动的障碍物入手,阐述溶质原子、碳化物形态、数量、分布对硬度的影响,以及减少晶界、相界面积对降低硬度的作用,并以 H13、S5、S7、X45CrNiMo4 等工具钢锻轧材的退火新工艺研究为例,论述工具钢的退火软化机理。

6.3.1　决定退火钢硬度的要素

退火钢的组织为平衡态或接近平衡态。室温下的组成相一般有铁素体、渗碳体、合金碳化物、金属间化合物等。因此,工具钢退火后的组织为由铁素体(基体)、碳化物(强化相)等各要素构成的整合系统。作为子系统的铁素体、碳化物等又有其组成要素,如铁素体由晶粒、晶界、亚晶界、位错等构成;碳化物由 Fe_3C、VC、TiC、Cr_7C_3、Mo_2C、Fe_3W_3C 等组成。各相有不同的晶体结构,晶格又由不同元素的原子组成,其硬度取决于各层次要素的有机结合、有序配合、综合作用。

硬度是材料表面不大的体积内抵抗变形和破裂的能力,是此系统抵抗外力压入的综合反映。在压力作用下,位错运动引起变形。而位错的运动存在各类障碍,如零维障碍物:溶质原子;一维障碍物:位错;二维障碍物:界面;三维障碍物:异相质点。减少或拆除任一障碍物系统,都能使钢软化。

不同化学成分的钢,决定其退火硬度的要素是不同的。例如,退火碳素工具钢主要由铁素体和渗碳体两相组成,其硬度主要取决于渗碳体的形态和铁素体晶粒度。H13 钢的退火硬度主要取决于 Cr、Mo、V 的合金碳化物粒子的数量和弥散度以及基体的状态等。

6.3.1.1　减少零维障碍物的强化作用,实现软化

退火状态的铁素体基本不含碳,但 Cr、Si、Mn、W、Mo 等合金元素溶入铁素体中形成固溶体,可能改变基体的键合力,引起点阵畸变和 P-N 力的变化,造成强化效果。相反,若减少零维障碍物对位错运动的阻碍作用,则可实现软化。例如,美国

耐冲击的硅工具钢 S5,硅含量 1.75% ~ 2.25%,锻轧后退火硬度要求不大于 HB229,但冶金厂大批生产难以达到,可通过电炉冶炼时,控制 Si-Fe 合金料的加入量达到。例如,少加入质量分数为 0.3% Si,可使基体铁素体的硬度值降低 HB12,为钢材的软化退火、降低硬度创造有利条件。

6.3.1.2 减少一维障碍物的强化作用,实现软化

位错在钢的强化和软化中扮演着最重要的角色。金属流变应力(σ_f)随位错密度(ρ)的增加而提高:

$$\sigma_f = \sigma_0 + k\sqrt{\rho}$$

式中 σ_0, k——相关常数。

如淬火马氏体中或冷变形钢中位错密度可达 10^{12} cm^{-2},但退火后铁素体中位错密度得到大大降低,约为 10^6 cm^{-2},使其硬度也很低,约 HB80。当然,不同状态的钢退火后的位错密度也不一样,所以,通过充分退火降低基体的硬度,可为整体软化提供条件。

6.3.1.3 降低二维障碍物的强化作用,促进软化

晶粒愈细,相界、晶界等界面的面积愈大,阻碍位错运动的二维障碍物越多,强度也越高。根据 Hall-Petch 公式:$\sigma = \sigma_0 + kd^{-\frac{1}{2}}$,可见,粗化铁素体晶粒或粗化碳化物,减少铁素体与渗碳体、碳化物的相界面积,可以软化钢材,如碳素钢的细片状珠光体的硬度可达 HB300,而粗片状珠光体的硬度可降到 HB200 以下。

X45CrNiMo4 钢的退火软化十分困难,该钢奥氏体化后炉冷,得到的是马氏体 + 贝氏体组织,需在 Ac_1 以下低温退火(高温回火)来软化。因此,锻轧后缓冷,可得到极细小的板条状马氏体加条片状贝氏体组织,然后在 680℃ 退火,等温 70 h,硬度仍保持 HB259 以上,难以降到 HB240 以下。为此,改变退火软化工艺,首先高温奥氏体化,获得晶粒度为 7 ~ 8 级奥氏体晶粒,然后缓慢冷却到 640℃,等温分解为粗片状珠光体组织,从而将硬度降低到 HB220 左右。图 6-5 为 X45CrNiMo4 钢退火后的粗片状珠光体组织。

6.3.1.4 削弱三维障碍物的强化作用,实现软化

第二相质点是位错运动的三维障碍物,其弥散度愈高,数量愈多,强化作用愈大。钢中的碳化物与铁素体的相界面为非共格,由于硬度高,位错难以切过,只能绕过颗粒。因此,碳化物颗粒愈细小弥散,硬化作用愈大。但当钢中碳化物量一定,使其变成粒状或球状并粗化,则可削弱其对位错运动的阻碍作用,实现软化。

将 H13 钢加热到 860℃,保温 2 h,分别以 15、30、40、50℃/h 的冷速缓冷到 540℃,出炉空冷。利用 S-360 扫描电镜观察退火试样,对二次电子像进行多次测量,用定量金相法计算碳化物颗粒的平均直径和弥散度,如表 6-1 所示。由表中可以看出,缓冷时冷速越大,碳化物弥散度越高,而直径越小,硬度越高。

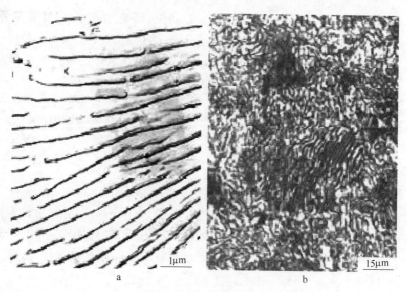

图 6-5　X45CrNiMo4 钢的粗片状珠光体

a—TEM；b—OM

表 6-1　不同冷速的硬度及碳化物特征参数

冷速/℃·h^{-1}	硬度 HB	弥散度/mm^{-3}	直径/nm
15	186	3518×10^6	396
30	204	4281×10^6	309
40	209	6111×10^6	273
50	212	9059×10^6	236

图 6-6 所示为 H13 钢退火后,碳化物直径与硬度的关系。可以看出,随着碳化物颗粒直径的增大,退火钢硬度逐渐降低,且计算值与实测值基本相符。

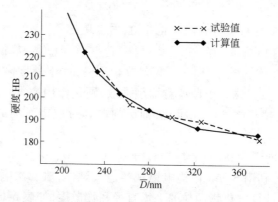

图 6-6　H13 钢碳化物颗粒平均直径($\overline{D}$)与硬度的关系

图 6-7 为 H13 钢的退火组织。将 H13 钢的退火软化与上述 X45CrNiMo4 钢的软化比较,从工艺到内在机制都有区别。H13 钢加热到 Ac_{1s} 以上(850~870℃)进行不完全退火,奥氏体分解为粒状珠光体组织。

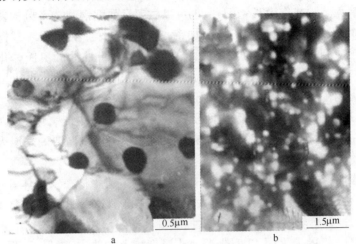

图 6-7 H13 退火粒状珠光体
a—TEM;b—SEM

研究表明,在 A_1 稍上温度加热,在 A_1 稍下温度等温,才能有效地软化。首先,在 A_1 稍上奥氏体化,由于刚刚超过 Ac_1,碳化物溶解较少,溶入奥氏体中的碳及某些合金元素含量少,这样形成的奥氏体稳定性差,较易快速分解;同时,固溶体中碳化物形成元素少,固溶强化作用较小。另外,在 A_1 稍下等温分解,过冷度小,形核率低,析出的碳化物颗粒数较少,而且,在此较高温度下,原子扩散速度快,颗粒容易聚集粗化,对降低硬度有利。为此测定了 H13、S7、S5 等工具钢的退火用 TTT 图和 CCT 图,使退火温度与 C 曲线的奥氏体化温度匹配,改进了退火工艺[7~13]。

总之,获得粒状珠光体组织,实现退火软化,应掌握以下工艺三要素:

(1)在 A_1 以上加热,使未溶碳化物颗粒聚集,奥氏体中的碳含量和合金度较低;

(2)以 5~20℃/h 冷却,使珠光体共析分解在较高温度进行完毕,并且使碳化物颗粒充分长大。

(3)在 A_1 稍下温度等温,共析分解为粒状珠光体,并且使碳化物颗粒聚集粗化。

6.3.2 典型钢种锻轧材的球化退火

工具钢锻轧件一般需经退火,以便获得粒状珠光体组织。以往这些锻件的退火工艺技术落后,耗能大,生产率低,退火质量难以保证。运用相变规律及退火软化机理,结合计算机辅助设计工艺参数,开发了如下锻轧材球化退火新工艺。

6.3.2.1　H13 钢大型锻轧材球化退火工艺

H13 钢为美国热作模具钢钢种,也可以做超高强度钢制造飞机构件,相当于我国的 4Cr5MoV1Si 钢。为了便于机械加工,首先对钢材或工具毛坯进行球化退火,以降低硬度。目前,国内外资料中介绍的 H13 钢 TTT 曲线的奥氏体化温度较高,不适于制订 H13 钢球化退火工艺。为了制订合理的 H13 钢球化退火工艺,需采用该钢的退火用 TTT 曲线,以有效实现退火软化[12~14]。

某厂,H13 钢钢锭锻轧后采用两段式退火工艺,890℃加热,炉冷到 680℃ 等温,两段保温总时间长达 50 h 以上,退火耗能大,生产率低,更主要的是退火硬度偏高,且分布不均,难以满足用户要求。

研究表明,影响工具钢退火硬度的首要因素是碳化物在铁素体基体上的分布状态,如碳化物的种类、数量、形态、大小、分布等。其次是铁素体基体成分和组织形态,如条片状、等轴状铁素体及粗细程度[11,12]。

依据 H13 钢的退火用 TTT 图,在 Ac_{1s} 温度稍上加热,短时保温,后以缓慢的冷却速度冷却到 TTT 图的珠光体"鼻温"附近等温,使奥氏体分解为粒状珠光体组织,碳化物呈现颗粒状。硬度可降低到 HB200 以下。

由于冶金厂退火炉较大,一次装炉量多,用两段式退火不易操作,也可以改用一段式退火,如 H13 钢锻件,锻后 350℃入炉,加热到 870℃ 可实现部分奥氏体化,即存在剩余碳化物,然后以小于 30℃/h 冷却,500℃ 以下出炉。加热温度选择在 A_1 稍上,加热一定时间(如 5~10 h),保温后控制冷却速度,以 10~25℃/h 速度冷却到 500℃ 以下出炉。应用台车炉退火需要严格控制炉温的均匀性,而采用辊底式退火炉进行连续退火,效果较好。该工艺能够有效地降低硬度,并实现了节能减排,效益明显。

图 6-8 所示为 H13 钢大型锻轧材的两段式退火工艺曲线。采用等温退火工

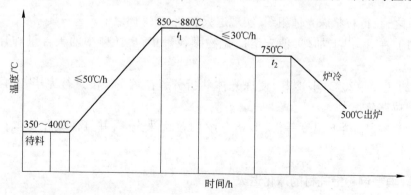

图 6-8　H13 钢大型锻轧材退火工艺

艺,图中的加热、保温时间(t_1)和等温时间(t_2)可用计算机按锻件尺寸辅助设计,也可根据经验参数制订。在850～880℃温度保温,然后冷却到750℃等温,使其转变为粒状珠光体组织,随后可以炉冷,并在500℃出炉。

退火后的组织如图6-9所示,可见,铁素体基体分布着的白色颗粒为含铬的碳化物,主要是Cr_7C_3。获得粒状珠光体组织,实现软化,控制碳化物颗粒尺寸是关键。首先,奥氏体化时,应控制未溶碳化物颗粒的数量和奥氏体中的碳含量;然后,缓慢冷却(5～20℃/h),使未溶碳化物颗粒长大;在A_1稍下保温使奥氏体分解,并且使碳化物聚集长大。使碳化物颗粒直径控制在500～1000 nm或更大一些。退火硬度可达HB180～200,适合于切削加工。

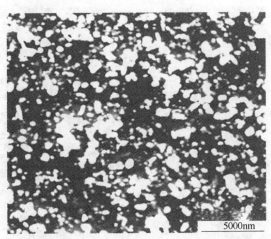

5000nm

图6-9　H13大锻件的退火组织(SEM)

6.3.2.2　X45CrNiMo4钢锻件的退火软化

X45CrNiMo4是德国工具钢,是优良的高强、高韧性模具钢,该钢锻后退火软化十分困难。将该钢加热奥氏体化后,由于奥氏体中溶入大量的Cr、Ni、Mo等合金元素,尤其是含有大量的镍,致使奥氏体极为稳定。即使采用一般的台车式退火炉退火,保温后炉冷,仍然可以得到马氏体＋贝氏体组织。因此,采用普通退火工艺难以实现球化,锻后采用在Ac_1以下的低温退火(高温回火)耗时、耗能,也难以软化。

为了确定退火工艺参数,测定了该钢的临界点$Ac_{1s}=697℃$,$Ac_{1f}=739℃$。该钢由于镍含量较高,因此临界点较低。

该钢锻轧后缓冷,得到极细小的板条状马氏体和条片状贝氏体组织,硬度较高(大于HB300)。某厂在680℃退火,等温70 h,硬度仍保持HB260以上,难以降到HB240以下。采用不完全退火、循环退火均不能有效地软化,其铁素体组织极为细小,长时间等温也难以再结晶,界面积大,硬度很高。

此外,该钢含有碳化物形成元素 Cr、Mo,阻碍碳原子扩散和碳化物颗粒的聚集长大,使碳化物保持为极为细小的颗粒状态,强化铁素体基体,阻碍硬度的降低。

研究表明,欲使该钢软化,得到粗片状珠光体组织是个好办法。为此,改变退火工艺,首先于 860℃高温奥氏体化,获得 7～8 级奥氏体晶粒,然后缓冷至 620～640℃等温一定时间,即可分解为粗片状珠光体及少量的类珠光体组织,硬度降至 HB220 以下,满足了用户对钢材软化的要求[15～17]。图 6-10 为 X45CrNiMo4 钢退火后得到的片状珠光体组织。图 6-10a 中标出了原奥氏体晶界,珠光体从晶界向两侧奥氏体晶界长大,平均片间距约 200 nm,属于较粗的片状珠光体组织。

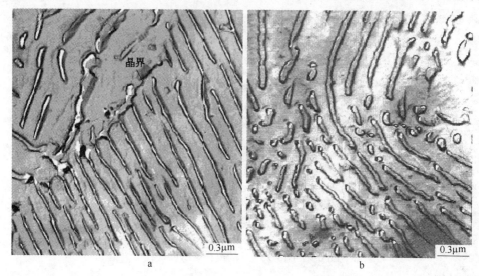

图 6-10   X45CrNiMo4 钢片状珠光体组织(TEM)

该钢的软化退火,采用完全退火,即完全奥氏体化,而且要使晶粒尽量大一些(6～8 级即可),以得到粗片状珠光体组织,其硬度约为 HB200,而细片状珠光体的硬度在 HB300 以上,极细的托氏体组织硬度则可达 HB400 以上。

应当指出,该钢退火软化较为困难,退火工艺的温度参数范围狭窄,一般台车式退火炉难以准确控制炉温,退火硬度难以降低,也难以均匀。生产这种钢材需要严格控制炉温。

6.3.2.3   煤机链条钢(23MnCrNiMo)锻轧材的退火软化

A   23MnCrNiMo 煤机链条钢

23MnCrNiMo 煤机链条钢主要用于制造煤矿设备的各种牵引链,要求具有高强度,高的疲劳强度,良好的冷弯性以及一定韧性。以往多从国外进口,国内研究很少。为使钢材退火硬度均匀合格,达到 HB180～210,应获得均匀的细粒状珠光体组织,在淬火加中温回火后达到链条的使用性能。

该钢生产工艺为:精炼,浇注,钢锭脱模后低温红送,在均热炉中加热,然后开坯连轧,连续退火。钢的化学成分标准与德国的 23MnCrNiMo54 相同,与日本煤机链条钢也一致。

23MnNiCrMo 钢的主要成分(质量分数)为:0.25% C,1.52% Mn,0.007% S,0.017% P,0.97% Ni,0.31% Cr,0.50% Mo。临界点测定结果为:

$$Ac_1:715℃, \quad Ac_3:785℃, \quad Ms:355℃, \quad Bs:510℃$$

B 23MnCrNiMo 钢的退火工艺

23MnNiCrMo 钢锻轧后空冷为贝氏体 + 少量马氏体组织,属于贝氏体钢。这类钢的退火软化宜在锻轧后采用高温回火来软化,或将钢材加热到 880℃ 奥氏体化后空冷,得到贝氏体组织,再进行 8~12 h 长时间的高温回火,使贝氏体中析出碳化物,α 相发生回复与再结晶,得到铁素体加粒状碳化物的整合组织[18,19]。

该钢的过冷奥氏体在珠光体转变区长时间难以分解,因此,不能采用奥氏体化后的等温退火或普通退火的方法。可将退火分为两种方式:(1)轧后加热到相变点以上保温,然后空冷,再高温回火(低温退火);(2)轧后空冷,转入连续退火炉中,于 680℃ 退火 10~12 h,使贝氏体 + 马氏体组织经高温回火转变为粒状珠光体组织。退火工艺如图 6-11 所示。图中的 t_1、t_2、t_3 为保温时间,依钢材尺寸和炉况等参数而定。从图中可以看出,通过 860℃ 奥氏体化,改善轧态组织缺陷,然后空冷得到贝氏体组织,接着在 680~700℃ 高温回火,可以得到粒状珠光体(回火索氏体)组织。退火后硬度为 HB180~210。

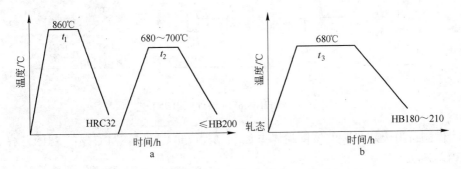

图 6-11 煤机链条钢(23MnNiCrMo)锻轧后退火工艺
a—工艺 1;b—工艺 2

轧后空冷得到的贝氏体组织经 680℃ 高温回火,应得到回火索氏体组织,但是,若保温时间短则得到回火托氏体组织,如图 6-12 所示,这是由于该钢中的 Ni、Mo、Cr 等元素强烈地阻碍 α 相的再结晶,碳化物颗粒也难以聚集长大的缘故,因此,680℃ 高温回火的保温时间应当长一些。

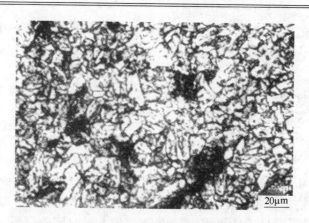

图 6-12　煤机链条钢的回火托氏体组织(OM)

6.3.2.4　模具钢 5Cr2NiMoVSi 大锻件的退火软化

5Cr2NiMoVSi 是国产热作模具钢,锻后原退火工艺如图 6-13 所示,该工艺能够完成锻后退火的目的,获得良好的组织和硬度,已经应用多年,但是有些缺点,即耗能大、耗时长。该工艺除了待料时间外,其余各段时间相加,总时间可达 200 多小时,约 9 天才能完成一炉生产,物流速度太慢,生产率低,急需改进。

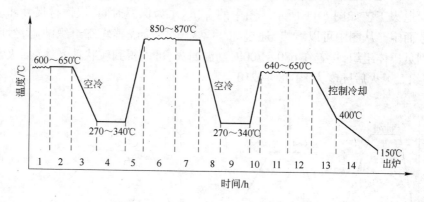

图 6-13　5Cr2NiMoVSi 锻件原退火工艺

供制订退火新工艺的该钢临界点如下:Ac_1:750℃,Ac_3:874℃,Ar_3:751℃,Ar_1:623℃,Ms:243℃。

为了提高这类钢的冶金质量和降低能耗,提高生产率,建议炼钢时采用真空除气,控制氢含量在 2.5×10^{-4}% 以下,热处理工艺将大大简化。新工艺曲线如图 6-14 所示[20]。

该曲线各段的工艺参数说明:

(1)约 350℃待料后保温 2~4 h;

(2)升温,速度不大于 60℃/h;

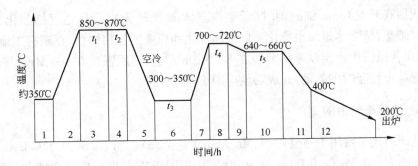

图 6-14　5Cr2NiMoVSi 锻件退火新工艺

（3）在 850 ~ 870℃均温，时间 t_1；

（4）在 850 ~ 870℃温度的保温时间一律用 2 h；

（5）空冷到 300 ~ 350℃，令奥氏体冷却到贝氏体组织转变区，进行贝氏体转变；

（6）在 300 ~ 350℃贝氏体区保温，令奥氏体等温分解为贝氏体组织；

（7）升温：以不大于 100℃/h 速度升温；

（8）在 720℃均温 + 保温，使铁素体回复-再结晶，并且扩散脱氢；

（9）炉冷，不大于 40℃/h；

（10）在 650℃保温时间 t_5；

（11）以 30℃/h 冷却到 400℃，要求温度均匀；

（12）从 400℃以下，采用 15 ~ 20℃/h 冷却到 200℃出炉。

全部工艺过程共分为 12 段，当钢锭氢含量 $\leq 2.5 \times 10^{-4}\%$ 时，厚度为 501 ~ 600 mm 的大锻件，只需要 90 ~ 100 h 即可完成，生产率大幅度提高。

该工艺既完成了去氢、防止白点产生的要求，又实现了软化。其软化的途径是首先得到贝氏体组织，然后在 640 ~ 720℃间保温较长时间，使贝氏体转变为索氏体组织，使铁素体基体上分布颗粒状碳化物。

6.4　开发应用先进珠光体钢

近年来，随着国民经济建设的需求，开发研究了各类先进钢铁材料，其工业生产发展较快，举例如下。

6.4.1　细晶钢

细晶钢的核心内容是在化学成分不变的前提下使屈服强度翻一番。在目前大生产条件下能够实现的目标，是热轧带钢的晶粒细化到 3 ~ 5 μm，中厚钢板、棒线材，晶粒尺寸细化到 5 ~ 10 μm，甚至研究将晶粒尺寸细化到 1 μm 以下。

　　我国在开发 C-Mn 细晶钢时(低碳铁素体-珠光体钢),采用适度细晶化,铁素体晶粒细化,珠光体组织也细化。以细晶强化和相变强化相结合,在现有工业条件下,利用普通钢生产出铁素体晶粒在 3 ~ 5 μm 左右,屈服强度在 400 MPa 以上,具有良好综合性能的细晶钢,并成功地应用于汽车生产。

6.4.2　高速车轮用钢

　　欧洲高速车轮用钢主要以 Si、Mn 为强化合金元素,如 R7 钢:0.52% C、0.40% Si、0.80% Mn、0.3% Cr、0.08% Mo、0.30% Ni、0.05% V,是中碳低合金亚共析钢,退火后应当得到珠光体组织。为了改善韧性,法国将碳含量降低到 0.50% 以下,S、P 含量控制在不大于 0.02% 范围。

　　我国提速列车的车轮主要采用 CL60 钢。其成分为:0.62% C、0.22% Si、0.69% Mn、0.022% P、0.021% S。车轮钢属于铁素体-珠光体型钢,力学性能与铁素体、珠光体的体积分数、形貌、尺寸等因素有关,其中珠光体组织占 80% 以上。细化珠光体组织对提高性能非常有利。珠光体团和片间距的细化有利于提高强韧性。加入 Cr、Co 可使珠光体片间距减小,而加入 Mo、Ni 则使片间距增大。

6.4.3　长寿命高性能弹簧钢

　　近年来,随着我国运输业的发展,对于铁路车辆提出"高速、重载、安全"的要求。新的铁路车辆弹簧要求在尺寸、规格不变的前提下,设计应力要达到 1050 MPa,疲劳寿命要达到 200 万 ~ 300 万次。要求提高 60Si2MnA 等弹簧钢的冶金质量。

　　为了适应我国运输事业的发展,延长铁路车辆用弹簧的疲劳寿命,提高弹簧的静挠度,确保运输高效和安全。研发了新型弹簧钢 60Si2CrV 等钢种。例如主要化学成分为 0.58% C、1.55% Si、0.6% Mn、1.1% Cr、0.17% V 的钢。

　　弹簧钢的最终热处理是淬火 + 中温回火,获得回火托氏体组织,使其具有较高的强度(设计屈服强度为 1590 MPa)。某特殊钢厂生产的提速弹簧钢淬火-回火后性能达到 $R_m \geqslant 1900$ MPa,屈服强度 $R_{p0.2} \geqslant 1700$ MPa,S、P 含量均小于 0.015%,疲劳寿命超过 500 万次[21]。

6.4.4　高性能冷镦钢

　　冷镦钢要求具有低的变形抗力、优良的塑性,要求具有球状珠光体组织,需要进行良好的球化退火。近年来开展特殊钢的在线软化退火工艺技术,以充分利用轧制余热,提高生产率,降低成本。

　　如果以片状珠光体进行球化,需要碳原子、铁原子具有较高的扩散激活能,才能实现渗碳体球化,这是个很短时间的退火过程。

事实上,球状珠光体有可能不经历片状亚稳态而直接从过冷奥氏体中以稳态的球状渗碳体析出。本书在珠光体转变机理一章中已经详细阐述了球状珠光体的形成条件。研究表明,在高应变速率、大应变情况下,在稍高于 Ar_3 温度的变形可使铁素体晶粒超细化(2 μm 以下)。与此同时,变形改变了超细铁素体晶粒周围尚未转变的奥氏体的状态,在随后的冷却或保温退火过程中,奥氏体发生离异共析并粗化,这不仅具有理论意义,而且具有工业意义,有实用价值。

因此,珠光体含量较多的中碳钢,可通过控制轧制使奥氏体进入非平衡状态,再通过控制冷却可获得球状渗碳体。

马钢采用 TMCP 热机械轧制技术[21],在 750℃ 左右进行低温大变形轧制,形变诱导铁素体相变使晶粒细化,再控制冷却使尚未转变的奥氏体进行共析分解,得到退化的珠光体和部分球化渗碳体,使钢材强度降低,而塑性显著提高。冷镦时金属流动性好,冷作硬化率低,生产出常用系列冷镦钢品种。

参 考 文 献

[1] 林慧国,傅代直. 钢的奥氏体转变曲线[M]. 北京:机械工业出版社,1988.

[2] 刘云旭. 金属热处理原理[M]. 北京:机械工业出版社,1981,39～70.

[3] Pickering F B. 物理冶金与钢的设计[M]. 石霖译. 北京工业学院,1980.

[4] 刘宗昌,任慧平,宋义全. 金属固态相变教程[M]. 北京:冶金工业出版社,2003.

[5] M. 科恩,等. 钢的微合金化及控制轧制[M]. 李述创,向德渊译. 北京:冶金工业出版社,1984.

[6] 吴承建,陈国良,强文江. 金属材料学[M]. 北京:冶金工业出版社,2000.

[7] 李文学,刘宗昌. H13、S7、S5 钢退火用 TTT 图及临界点测定[J]. 包头钢铁学院学报,1998,3:194～199.

[8] 李文学,刘宗昌,任慧平,艾慰心,吴世中. S7 钢 TTT 曲线测定及研究[J]. 物理测试,1997,5(3):9.

[9] 刘宗昌,李文学. H13 钢 A_1 稍下转变动力学及相分析[J]. 兵器材料科学与工程,1998,3:33～36.

[10] 阎俊萍,李文学,刘宗昌,赵利萍,戴建明,顾容. S5 钢软化退火的研究[J]. 金属热处理学报,1998,19(2):53.

[11] Liu Zongchang, Li Wenxue, Sun Jiouhong. C-Curves of Tool Steels for Annealing and Their Application[J]. Journal of Iron and Steel Research,2003,10(2):30～34.

[12] 刘宗昌,李文学,等. H13 等工模具钢退火软化新工艺[J]. 国外金属热处理,2000,21(1):30～33.

[13] Liu Zongchang, Gao Zhanyong, Dong Xuedong, Dai Jianming. Mechanism of Softening Annealing of Rolled or Forged Tool Steels[J]. Journal of Iron and Steelresearch,2003,10(1):40～44.

[14] 李文学,刘宗昌,徐进,邵淑艳,孙立新. S7 钢过冷奥氏体转变曲线及碳化物研究[J]. 金属热处理学报,2000,21(3):75～77.

[15] 刘宗昌,赵鸣,高占勇,邵淑艳. X45NiCrMo4 锻轧材退火组织对硬度的影响[J]. 兵器材料

科学与工程,2000,6(23):9～11.

[16]　刘宗昌,王开国,邵淑艳,马党参. X45NiCrMo 钢材的软化退火[J]. 特殊钢,2001,22(2):
　　　17～19.

[17]　王开国,刘宗昌,邵淑艳. X45NiCrMo 钢退火工艺参数对硬度的影响[J]. 包头钢铁学院学
　　　报,2001,20(2):141～143.

[18]　刘宗昌,王贵,李强,田玉新,杜彩霞. 化学成分和组织对 23MnCrNiMo 钢冲击韧性的影响
　　　[J]. 特殊钢,2001,22(4):10～12.

[19]　刘宗昌,等. 23MnNiCrMo 煤机链条钢的球化退火工艺[J]. 特殊钢,2001,22:45～47.

[20]　刘宗昌. 珠光体转变与退火[M]. 北京:化学工业出版社,2007.

[21]　董瀚,等. 先进钢铁材料[M]. 北京:科学出版社,2008.

7 表面浮凸

20 世纪 20～50 年代,在马氏体与贝氏体相变中分别发现表面浮凸现象,浮凸就一直与马氏体相变和贝氏体相变机制联系在一起,并且认为浮凸是切变造成的[1,2]。以往文献中很少谈论珠光体浮凸,或认为珠光体转变是扩散型相变,不存在表面浮凸现象。然而,2008 年,作者及其科研组在应用扫描电镜和扫描隧道显微镜研究共析钢过冷奥氏体试样表面的转变情况时,发现珠光体、铁素体等产物也存在表面浮凸现象[3,4]。珠光体表面浮凸的发现具有重要的学术价值。

最近的研究表明,表面浮凸现象是试样表面层的母相转变为新相时,由于新旧相比体积不同等原因,新相在试样表面形成时体积不均匀膨胀,因而出现的表面浮凸,是试样表面发生相变的一种表征,它与试样内部转变为新相的过程是有区别的。

7.1 珠光体表面浮凸现象

将工业用 T8 钢进行真空热处理后,应用 QUANTA-400 环扫电镜、Nanofrist-1000 型扫描隧道显微镜和光学显微镜,观察未经侵蚀的试样表面,发现了珠光体表面浮凸[3,5]。

选用工业用 T8 钢(0.76% C),用 DK77 型电火花切割机,从直径为 20 mm 的棒材上切取 3 mm 厚的金相试样。检测表明该钢的原始组织为珠光体 + 少量的网状铁素体组织。

将 3 mm 厚的金相试样表面经过机械磨光和镜面抛光,应用 Nanofrist-1000 型扫描隧道显微镜观测试样的表面粗糙度,以便与珠光体表面浮凸相比较,经测定,表面抛光的试样的不平度不足 2 nm。

然后将表面抛光的试样放入真空度为 4.3×10^{-3} 的真空热处理炉,以 200℃/h 进行随炉升温,加热到 1050℃奥氏体化,保温 40 min,保证试样表面不被氧化,最后炉冷。

实验观测分两步:第一步,表面浮凸的直接观察,即对真空处理的试样直接进行扫描隧道显微镜观测和采用环境扫描电镜、金相显微镜直接观测。第二步,将真空热处理后的试样稍加抛光,用硝酸酒精侵蚀,再进行金相观察分析。

7.1.1 珠光体表面浮凸的直接观察

扫描电镜可以检测试样表面的微观形貌,因此首先对真空热处理后的试样表面进行观测,发现了珠光体表面浮凸现象。由于扫描隧道显微镜(STM)具有光学显微镜(OM)和扫描电子显微镜(SEM)无法比拟的纵向分辨本领,纵向分辨率为0.01 nm,因此扫描隧道显微镜对于表面浮凸的观察具有显著优点,可以检测到珠光体表面浮凸的细微的尺度和变化。

7.1.1.1　扫描电镜观察

为了观察珠光体表面浮凸,对光亮的真空热处理后的试样,不进行任何处理,即不经硝酸酒精侵蚀,随即用扫描电镜直接进行观察,发现具有珠光体组织形貌的表面浮凸,如图 7-1 所示。可见,在试样没有侵蚀的情况下,试样表面有较为明显的凸起,其中,白色的片条是渗碳体的凸起,黑色片条为铁素体片,晶界灰暗色的为先共析铁素体;同时,对各珠光体领域测量,得到在该工艺下 T8 钢珠光体片的平均片间距约为 300 nm。

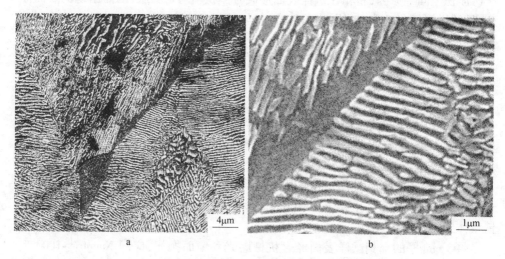

图 7-1　未经侵蚀的真空处理后的珠光体表面浮凸(SEM)

7.1.1.2　扫描隧道显微镜观察

扫描电镜可以观察到试样表面的高低不平的形貌,如侵蚀后的金相试样、断口形貌等,但不能测定高度。扫描隧道显微镜则能够精确测定高度。

将真空热处理后的试样,直接用扫描隧道显微镜(STM)进行观测。对试样表面进行大量扫描观察,发现了试样表面存在浮凸,浮凸形貌(即浮雕)与片状珠光体一致,显然是奥氏体共析分解得到的珠光体组织的表面浮凸,接着测定了浮凸的尺度。图 7-2、图 7-3 所示为观测结果,其中,图 7-2a 是一个片状珠光体领域的表面浮凸形貌,图 7-3a 是不同珠光体领域的表面浮凸形貌,同时,图 7-2b、图 7-3b 分别是它们对应的图 a 中的箭头所指的浮凸高度剖面线。

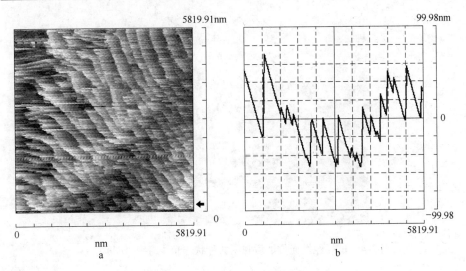

图 7-2 珠光体领域表面浮凸(STM)

a—STM 图像;b—图 a 中箭头所指的高度剖面线

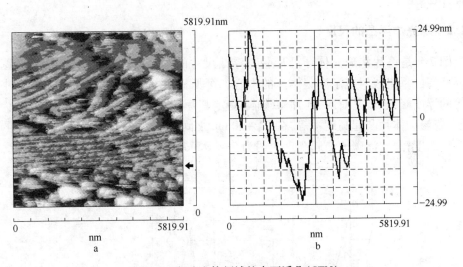

图 7-3 各珠光体领域的表面浮凸(STM)

a—STM 图像;b—图 a 中箭头所指的高度剖面线

7.1.1.3 金相组织观察

为了进一步验证在实验中得到的是珠光体组织,把用于上述观察的试样,在轻微抛光之后,用 4% 的硝酸酒精腐蚀,金相观测,得到如图 7-4 所示的组织。图中除基体为片状珠光体外,晶界处白亮条为先共析铁素体。该试验用的 T8 钢,接近共析点成分,再按 1050℃奥氏体化,保温 40 min,炉冷的热处理工艺应当得到片状珠光体 + 少量先共析铁素体组织。

图 7-4　试样经抛光侵蚀后观测的片状珠光体组织(OM)

这与图 7-1 中未经过抛光腐蚀的浮凸形貌相似,进一步说明是片状珠光体的表面浮凸。

7.1.2　珠光体浮凸的尺度

图 7-5 是将片状珠光体浮凸形貌与浮凸尺寸的测定结果对应组合的图形,图中浮凸峰的垂直线对应了渗碳体片的中心。可见,在 6 μm 的距离上有 16 个大小不等的浮凸峰,也就是对应 16 片渗碳体,测定其片间距约为 375 nm。以铁素体为基面,各渗碳体片凸起高度不等,在 20 ~ 90 nm 之间,凸起呈"∧"形;而图 7-3 中的浮凸峰高度较小,渗碳体凸起高度大约为 5 ~ 30 nm,浮凸也呈"∧"形。

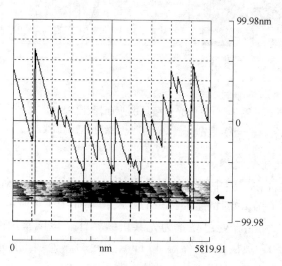

图 7-5　浮凸形貌与浮凸尺度的对应

综上分析,T8钢分别用 SEM 和 STM 观察得到的珠光体片间距近似相等,说明为珠光体表面浮凸,其单片渗碳体浮凸形貌为"∧"形。

钢中马氏体表面浮凸被认为是切变式相变的主要试验证据之一。后来,发现贝氏体相变也有表面浮凸效应,并且认为扩散台阶机制也能够产生表面浮凸。贝氏体表面浮凸成为几十年来学术论争的焦点问题之一。

过冷奥氏体的共析分解是扩散型相变,而且以界面扩散为主[6],一般不认为会产生表面浮凸。现试验发现 T8 钢过冷奥氏体在缓慢冷却退火时也形成了表面浮凸,说明在较高温度下,扩散型相变也可产生表面浮凸效应,且马氏体表面浮凸无特殊之处,说明表面浮凸现象不能作为某种相变的主要特征,不能作为马氏体相变切变机制的有力证据。贝氏体表面浮凸的帐篷形,也非切变机制所致。

7.2 珠光体表面浮凸形成机制

以往认为表面浮凸是马氏体相变切变所致[2],后来又认为贝氏体台阶-扩散机制也能产生表面浮凸现象[1]。众所周知,马氏体相变是无扩散型相变,而贝氏体相变是半扩散型相变。近年来研究认为,贝氏体相变是相界面铁原子非协同热激活跃迁机制[7]。

过冷奥氏体共析分解为片状珠光体时,在抛光的试样表面上形成了表面浮凸,其成因用切变机制解释显然行不通,因为珠光体转变是扩散型相变。贝氏体相变是半扩散型相变,是界面原子非协同热激活跃迁机制。这些相变机制与表面浮凸现象缺乏直接的因果关系。

作者研究表明,表面浮凸主要是由于新旧相比体积差引起的。

过冷奥氏体的各类相变均为一级相变,即 $\left(\dfrac{\partial \mu^\alpha}{\partial p}\right)_T \neq \left(\dfrac{\partial \mu^\beta}{\partial p}\right)_T$,所以 $V^\alpha \neq V^\beta$,即新相和旧相体积不等[6]。对于过冷奥氏体转变为马氏体、贝氏体、珠光体,体积都是膨胀的[8,9]。表 7-1 列举了碳素钢中奥氏体、铁素体、渗碳体、马氏体等各相比体积,奥氏体在向珠光体、贝氏体、马氏体转变时,比体积均增大,体积均膨胀。表 7-2 列举了膨胀率, $\dfrac{\Delta l}{l_i}$ 是长度变化率,体积变化与长度变化的关系为: $\dfrac{V-V_i}{V_i} = \dfrac{\Delta V}{V_i} \approx 3\dfrac{\Delta l}{l_i}$ 。按照表 7-2[8],当 T8 钢奥氏体转变为珠光休组织时, $\dfrac{\Delta V}{V_i}$ - 2.87% ; $\dfrac{\Delta l}{l_i}$ = 0.0096;当转变为下贝氏体组织时, $\dfrac{\Delta V}{V_i}$ = 3.496% ; $\dfrac{\Delta l}{l_i}$ = 0.0117。当转变为马氏体组织时, $\dfrac{\Delta V}{V_i}$ = 4.216% ; $\dfrac{\Delta l}{l_i}$ = 0.014。可见,均发生体积膨胀,且随着转变温度的降低,相变产物膨胀率增大。

表 7-1　钢中各种相和组织的比体积[8]

序　　号	相 和 组 织	碳含量/%	比体积(20℃)/cm³·g⁻¹
1	铁素体	0～0.02	0.1271
2	渗碳体	6.67	0.130±0.001
3	ε-碳化物	8.5±0.7	0.140±0.002
4	马氏体	0～2	0.1271+0.00265(%C)
5	奥氏体	0～2	0.1212+0.0033(%C)
6	铁素体+渗碳体	0～2	0.1271+0.0005(%C)
7	铁素体+ε-碳化物	0～2	0.1271+0.0015(%C)

表 7-2　碳素钢组织变化时的 $\dfrac{\Delta V}{V_i}$ 和 $\dfrac{\Delta l}{l_i}$

组 织 变 化	$\dfrac{\Delta V}{V_i}$/%	$\dfrac{\Delta l}{l_i}$
球化退火→奥氏体	$-4.64+2.21w(C)$	$-0.0155+0.0074w(C)$
奥氏体→马氏体	$4.64-0.53w(C)$	$0.0155-0.0018w(C)$
奥氏体→下贝氏体	$4.64-1.43w(C)$	$0.0155-0.0048w(C)$
奥氏体→铁素体+渗碳体	$4.64-2.21w(C)$	$0.0155-0.0074w(C)$

　　过冷奥氏体在试样表面发生相变与在其内部转变具有不同的相变环境。因此,试样表面的奥氏体相变膨胀时,与试样内部不同,内部的奥氏体转变为珠光体时,相变膨胀受到三向压应力;而试样表面层的奥氏体转变时,新相长大受到 X 和 Y 两个方向(试样表面上的两个方向)和 $-Z$ 方向的压力或阻力,而垂直于表面的 $+Z$ 方向上,可向空中自由膨胀,如图 7-6a 所示。从而,在表面层的奥氏体转变时,必然产生不均匀的体积膨胀。如果应变 $\varepsilon_x=0,\varepsilon_y=0$,则体积膨胀造成的应变将集中在 Z 向,即 $\varepsilon_z>0$,造成表面鼓起,即浮凸。将 T8 钢加热到高温,奥氏体化,设有一个晶粒切一半暴露在试样表面。若其在冷却过程中转变为片状珠光体组织,由于珠光体领域形成的先后次序不同,以及渗碳体和铁素体的膨胀量不等,必使得试样产生表面起伏。

　　应当指出,如果试样表面层的奥氏体晶粒转变为珠光体时,各向(X、Y、Z)均匀地膨胀,则在试样表面不会观测到浮凸。浮凸是各相在表面层不均匀膨胀造成起伏的结果。奥氏体转变为铁素体和渗碳体时,膨胀量不等,渗碳体相膨胀较大,铁素体相膨胀量较小,在试样表面形成高低不平的起伏,即浮凸。

　　应当指出,渗碳体片的膨胀凸起不是孤立的,它与两侧的铁素体片相连接,由于比体积不同,膨胀不协调,必然相互拉压而产生应变,形成复杂的表面畸变应力,从而引起表面畸变。各相之间的拉应力阻碍表面的凸起,使得产生凸起部分和未凸起或凸起小的部分之间存在过渡区,由未凸起或凸起小的部分向凸起的峰值渐变,在高度剖面线上出现"山坡",这样,渗碳体片应变形成"∧"形,而铁素体应变形成"∨"形,如果将渗碳体和铁素体的浮凸形状组合起来,则呈现"N"形,如图 7-6b 所示,这就是珠光体浮凸高度剖面线上的曲线峰的形状的来源。

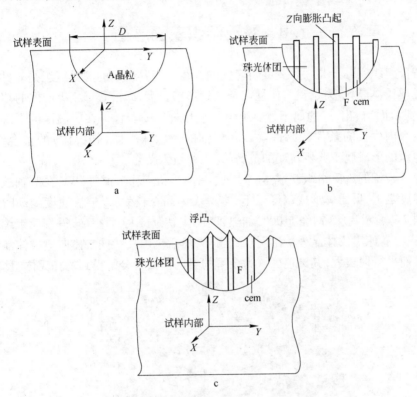

图 7-6　奥氏体、珠光体表面浮凸示意图
a—直径为 D 的奥氏体晶粒被切于试样表面;b——个珠光体团中渗碳体片和铁素体
片向 Z 方向膨胀凸起分析图;c—珠光体组织浮凸形貌形成示意图

　　根据实测片状珠光体领域和各相的尺寸代入表 7-2 中的奥氏体→珠光体的膨胀率,计算其膨胀值,并且与扫描隧道显微镜实测的浮凸值比较,结果相当吻合,进一步证明表面浮凸是比体积变化造成的。
　　总之:
　　(1)实验研究发现,过冷奥氏体转变为片状珠光体时存在表面浮凸效应,试样表面浮雕形貌与片状珠光体形貌一致。
　　(2)共析分解时,铁素体的体积膨胀比渗碳体小,因此渗碳体片凸起较高,浮凸的宽度与珠光体片间距一致。以铁素体为谷底,浮凸峰高度不等,一般为数十纳米,最高可达 90 nm。浮凸呈"∧"形。

（3）珠光体表面浮凸的成因是：当奥氏体转变为珠光体（F + Fe$_3$C）时，渗碳体和铁素体均比奥氏体的比体积大，体积膨胀。试样表面层的奥氏体转变为片状珠光体时，在垂直于试样表面的方向，膨胀的自由度较大，各相各片膨胀不均匀、不等，因而产生凹凸不平的浮雕，即形成表面浮凸效应。

7.3　魏氏组织表面浮凸

魏氏组织实际上是一种先共析转变的组织。亚共析钢的魏氏组织是先共析铁素体在奥氏体晶界形核，呈方向性以条片状形貌长大，即沿着母相奥氏体的{111}$_\gamma$晶面（惯习面）析出，一般属于过热组织。它是过热的奥氏体在中温区的上部区转变为向晶内生长的条片状的铁素体和极细的片状珠光体（托氏体）的整合组织。魏氏组织的形成属于共析转变的范畴，是一种组织缺陷。

亚共析钢的魏氏组织铁素体（WF）是一种片状产物。通常，WF 在等轴铁素体形成温度之下、贝氏体形成温度以上，当奥氏体晶粒较大，以较快速度冷却时形成的。图 7-7 所示为 45 钢经 1100℃加热，奥氏体晶粒长大，后空冷，得魏氏组织。可见，首先沿着原奥氏体晶界析出网状铁素体，然后析出片状铁素体向奥氏体晶内沿某一界面平行地长大，其黑色区域为余下的奥氏体共析分解得到的托氏体组织。

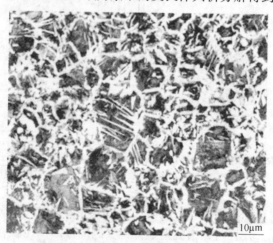

图 7-7　45 钢的魏氏组织[10]（OM）

在过共析钢中，也存在魏氏组织，先共析渗碳体以针状和条片状析出，实际生产中比较少见。图 7-8 为含有 0.69% C、0.90% Mn 的钢轨钢的魏氏组织，可见，先共析渗碳体在奥氏体晶内呈针状析出，沿着有利的晶面长大，这些针状的渗碳体有的平行排列，有的互成一定夹角，与奥氏体具有位向关系。当过冷到 Ar$_1$ 温度，剩余的奥氏体将转变为片状珠光体组织，因此过共析钢的魏氏组织是先共析的渗碳体＋珠光体（或托氏体）的整合组织。

图 7-8　0.69%C、0.90%Mn 钢的魏氏组织[10]（OM）

　　魏氏组织（WF）形貌与上贝氏体有相似之处,但不属于贝氏体组织的范畴,在魏氏铁素体片中没有发现亚单元,本质上是先共析铁素体。

　　WF 形成温度较高,存在明显的碳原子的扩散,符合扩散形核长大规律。WF 形成时也具有表面浮凸现象。魏氏组织新旧相具有晶体学关系（K-S 关系）。

　　魏氏组织（WF）形成时也具有表面浮凸现象,如图 7-9 所示[9],是 Fe-0.37%C 合金经 1200℃ 奥氏体化 20 min,后水中淬火（石英管密封）得到的组织和表面浮凸,其中图 7-9a 是表面浮凸形貌。图 7-9b 是同一视场下的组织的金相照片。可见沿着原奥氏体晶界析出等轴状的铁素体,然后析出片状铁素体向奥氏体晶内沿某一界面长大。

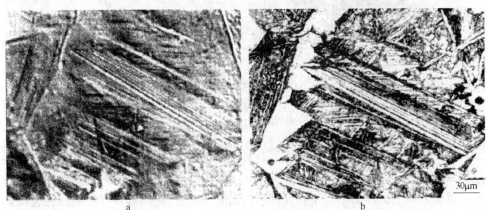

a　　　　　　　　　　　　　　　　　　b

图 7-9　Fe-0.37%C 钢中的魏氏组织和浮凸[1]

a—表面浮凸形貌;b—同一视场下组织的金相照片

　　方鸿生等人对魏氏组织铁素体的表面浮凸进行了观察,测得魏氏铁素体的浮凸的高度不等,从 70 nm 到 480 nm,呈帐篷形,且在魏氏铁素体中没有发现精细亚结构[1]，这一点与贝氏体铁素体片条不同。图 7-10 所示的浮凸为帐篷形，浮凸高度约为 480 nm，图 7-10c 中 WF 片条尺寸较小，宽度约为 100 ~ 150 nm，平行排列，浮凸高度约为 70 nm。

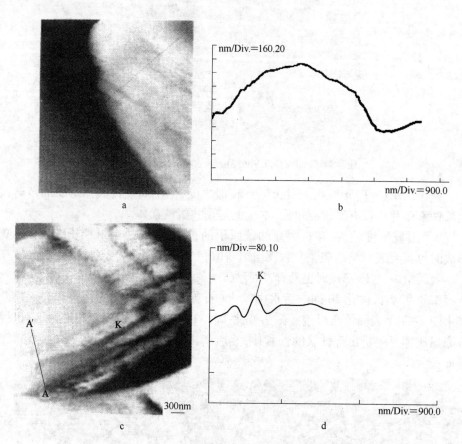

图 7-10　魏氏组织表面浮凸[1]

a,c—魏氏组织铁素体片条的 STM 图像；b—沿着图 a 直线的高度曲线；
d—沿着图 c 直线的高度曲线

魏氏铁素体表面浮凸的成因主要是奥氏体转变为铁素体时，比体积不同，在试样表面上，铁素体片析出有先后，而其体积不均匀膨胀的结果，非切变所致。

试样表面上的浮凸本质是热处理引起的表面畸变，是热处理变形的一种表现。

7.4　贝氏体、马氏体表面浮凸概述

为了全面系统地了解表面浮凸现象，本章将马氏体表面浮凸、贝氏体表面浮凸也一并予以概述。

7.4.1　贝氏体表面浮凸

将真空热处理后不经侵蚀的 60Si2Mn、60Si2CrV 和 22MnCrNi 钢试样直接采用 QUANTA-400 环境扫描电镜进行观察,在不经侵蚀的试样表面观察到贝氏体浮凸。采用扫描隧道显微镜观察贝氏体表面浮凸形貌和尺寸,如图 7-11 所示,其中,图 a 是试样表面的 STM 高度图像,图 b 是对应于图 a 中箭头所指位置的浮凸高度剖面线。可以看出贝氏体相变过程中产生的表面浮凸为"∧"形。贝氏体表面浮凸的最大高度约为 60 nm,最小高度约为 15 nm。

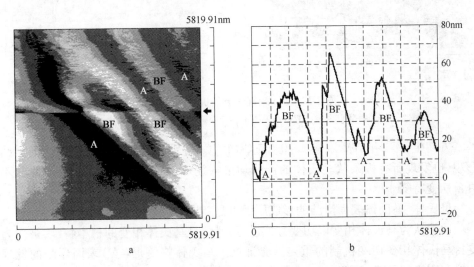

图 7-11　60Si2Mn 钢贝氏体表面浮凸 STM 像

a—STM 浮凸图像;b—图 a 中箭头所示位置的高度剖面线

方鸿生等学者进行了大量的贝氏体亚单元和表面浮凸的 STM 研究[1],指出贝氏体铁素体的浮凸由亚片条、亚单元、超亚单元的浮凸群组成,为帐篷形(∧)。

7.4.2　马氏体的表面浮凸

近年来,研究 Fe-Ni-C 合金 $\{259\}_f$ 型马氏体的表面浮凸为帐篷形(∧);$\{557\}_f$ 马氏体和 $\{225\}_f$ 马氏体的表面浮凸均为若干个小"N"形台阶构成[11]。

从组织形貌、亚结构、晶体学特征和形成温度范围来看,板条状马氏体与片状马氏体有所区别。

将 2Cr13 不锈钢试样,抛光表面,然后在真空热处理炉中加热到 1000℃,迅速冷却到室温,得到板条状马氏体组织,不侵蚀直接在扫描隧道显微镜下观测,其浮凸形貌如图 7-12a 所示,可见具有板条状马氏体的形态。浮凸的尺寸(对应箭头所指处)如图 7-12b 所示,浮凸高度不等,最高处约 35 nm,形状呈帐篷形。

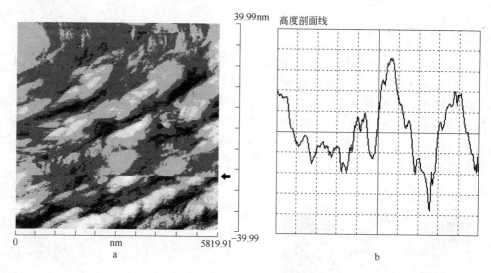

图 7-12 2Cr13 钢的板条状马氏体浮凸

a—浮凸图像(STM);b—图 a 中箭头所示位置的高度剖面线

方鸿生等采用 STM 观察 Fe-0.2% C-14% Cr 等钢的板条状马氏体的表面浮凸形貌,也发现所有板条状马氏体的浮凸均呈帐篷形(∧),并且认为帐篷形浮凸不具备切变特征[1]。

贝氏体、马氏体表面浮凸的形成原因也是新旧相比体积差造成的[3,5]。

通常认为马氏体相变以切变方式进行,浮凸是马氏体相变的根本特征,被作为支持马氏体相变切变机制的重要试验证据。马氏体帐篷形(∧)表面浮凸的发现是对切变机制的挑战。

7.5 表面浮凸与相变机制

以往的书刊中一直认为表面浮凸是切变造成的,并且作为马氏体相变切变机制的试验依据,也曾被切变学派认为是贝氏体相变切变机制的依据。现在看来,珠光体、贝氏体、马氏体、魏氏组织等各种相变均有表面浮凸现象发生,并且均呈现帐篷形,马氏体表面浮凸也没有特殊之处。浮凸已经成为过冷奥氏体转变产物的一种普遍的表面现象[3~5]。

上已叙及,形成表面浮凸的主要原因是由于新旧相比体积不同,新相形成有先后,相变体积不均匀膨胀造成的。表面浮凸现象不能作为切变机制的试验证据[3~5]。

当奥氏体转变为珠光体、贝氏体、马氏体时,试样表面上均发生不均匀的体积膨胀,而且形成复杂的表面畸变应力,从而引起表面畸变。先形成的新相或较大的片状新相必然突出表面较多,后形成的新相尺寸较小,因而产生与组织形貌相适应的浮凸,即形成表面浮凸,这是表面浮凸形成的根本原因。

应当说明,珠光体、贝氏体、马氏体、魏氏体组织的表面浮凸的整体形貌(浮雕形状)均与其显微组织形貌相对应,因此浮凸形貌不同,但本质上都是相变体积不均匀膨胀的结果,而且均为帐篷形(∧)[1,5]。

20 世纪 30 年代起,钢中马氏体表面浮凸被认为是切变式相变的主要试验证据。50 年代发现贝氏体相变也有表面浮凸效应,被认为贝氏体相变也是切变过程。70 年代后,扩散学派认为扩散-台阶机制也能够形成表面浮凸,致使贝氏体表面浮凸现象成为几十年来两派学术论争的焦点问题之一。

在贝氏体相变论争中,持台阶-扩散机制观点的学者认为贝氏体表面浮凸为帐篷形,帐篷形浮凸不具备切变特征,从而不赞成贝氏体相变的切变观点。作者也认为贝氏体相变中,铁原子和替换原子的位移不是切变过程。

方鸿生发现所有板条状马氏体表面浮凸均为帐篷形(∧),并且指出帐篷形浮凸不具备马氏体切变特征[1]。作者试验也发现了这种现象。

近年来试验表明,板条状马氏体表面浮凸均为帐篷形(∧)[1];Fe-Ni-C 合金{259}f 型马氏体的表面浮凸也为帐篷形(∧)[11]。作者对贝氏体、马氏体的表面浮凸观察表明,所有浮凸均为帐篷形[5]。那么,理所当然地提出一个问题:马氏体相变到底是不是切变过程? 这将涉及到马氏体相变切变学说(或机制)的正确性。作者近年来质疑马氏体相变的切变学说[12~16],指出其与实际不符合的缺点和理论上的缺憾,认为切变学说值得商榷。

本书在收笔之际,特别强调:过冷奥氏体转变产物的表面浮凸现象仅仅是试样表面上母相转变为新相的一种普遍表现,是具有体积变化的一级相变的必然反映。它与内部的转变有所区别。表面浮凸不能作为某一种相变的主要特征或独有特征,也不能作为马氏体相变切变机制的所谓有力的试验证据。

参 考 文 献

[1] 方鸿生,王家军,杨志刚,李春明,薄祥正,郑燕康.贝氏体相变[M].北京:科学出版社,1999:80 ~ 220.

[2] 徐祖耀.马氏体相变与马氏体[M].北京:科学出版社,1999.

[3] 刘宗昌,段宝玉,王海燕,任慧平.珠光体表面浮凸的形貌及成因[J].金属热处理,2009,34(1):24 ~ 28.

[4] 段宝玉,刘宗昌,任慧平.T8 钢中珠光体表面浮凸观察[J].内蒙古科技大学学报,2008,27(2):108 ~ 114.

[5] 刘宗昌,王海燕,任慧平.过冷奥氏体转变产物的表面浮凸[J].中国体视学与图像分析,2009,14(3):227 ~ 236.

[6] 刘宗昌,任慧平.过冷奥氏体扩散型相变[M].北京:冶金工业出版社,2008.

[7] 刘宗昌,任慧平.贝氏体与贝氏体相变[M].北京:科学出版社,2007.

[8]　刘宗昌. 钢件的淬火开裂及防止方法. 第2版[M]. 北京:冶金工业出版社,2008.

[9]　荒木透ほが,鋼の熱處理技術[M]. 朝倉書店,昭和44年.

[10]　钢铁研究总院结构材料研究所,等. 钢的微观组织图像精选[M]. 北京:冶金工业出版社,2009.

[11]　林小娉,张勇,谷南驹,孟昭伟,马晓丽. $\gamma_{(fcc)}$-$\alpha_{(bcc)}$ 马氏体相变表面浮凸的 AFM 观察和定量分析[J]. 材料热处理学报,2001,22(4):4~9.

[12]　刘宗昌. 马氏体切变学说与表面浮凸现象[J]. 内蒙古科技大学学报,2008,27(4):290~295.

[13]　刘宗昌. 马氏体切变学说的评价[J]. 内蒙古科技大学学报,2008,27(4):293~300.

[14]　刘宗昌,王海燕,任慧平. 再评马氏体相变的切变学说[J]. 内蒙古科技大学学报,2009,28(2):99~105.

[15]　Liu Zongchang,Wang Haiyan,Ji Yunping,Ren Huiping. A New Concept of Martensite Transformation Mechanism,Proceedings of the Fourth Asian Conference on Heat Treatment and Surface Engineering 2009. Beijing China,106~111.

[16]　刘宗昌,计云萍,林学强,王海燕,任慧平. 三评马氏体相变的切变机制[J]. 金属热处理,2010.

名 词 术 语

冶金工业出版社部分图书推荐

双峰检